只要脾气好
凡事都会好

赢在和气，败在脾气

真正的强大，不是你能征服什么，而是你能承受什么

赵文彤 ◎ 编著

中国华侨出版社

图书在版编目（CIP）数据

只要脾气好 凡事都会好 / 赵文彤编著. 一北京：
中国华侨出版社，2016.12
ISBN 978-7-5113-6662-7

Ⅰ. ①只… Ⅱ. ①赵… Ⅲ. ①情绪－自我控制－通俗
读物 Ⅳ. ①B842.6-49

中国版本图书馆 CIP 数据核字（2016）第 325169 号

● 只要脾气好 凡事都会好

编　　著 / 赵文彤
责任编辑 / 焦　雨
责任校对 / 王京燕
装帧设计 / 环球互动
经　　销 / 新华书店
开　　本 / 710 毫米×1000 毫米 1/16　印张 /16　字数 /200 千字
印　　刷 / 香河利华文化发展有限公司
版　　次 / 2017 年 5 月第 1 版　2017 年 5 月第 1 次印刷
书　　号 / ISBN 978-7-5113-6662-7
定　　价 / 32.80 元

中国华侨出版社　北京市朝阳区静安里 26 号通成达大厦 3 层　邮编：100028
法律顾问：陈鹰律师事务所　　　　　　　编辑部：(010) 64443056　　64443979
发行部：(010) 64443051　　　　　　　传　真：(010) 64439708
网　址：www.oveaschin.com　　　　　　E-mail：oveaschin@sina.com

　　人人都有脾气，脾气有好也有坏，然而坏脾气对我们产生的恶劣影响是不言而喻的，如果任其发展，不仅会影响身心健康，还会影响自己的人际关系，乃至前途。对此，泰国的传奇人物白龙王也说过类似的话：很多人来到这里都问我，我的事业好不好？家庭好不好？孩子好不好？姻缘好不好？我只是回答一句：你的脾气好不好？他告诉人们一个生活道理：人只要脾气好，凡事皆会好。生活中，你是否曾因遭遇或看到不公的对待而愤怒不已？你是否曾因一些不可理喻的事情而暴跳如雷？你是否曾因不够自信而导致事情一败涂地？你是否曾因生活中的一点小事儿而闷闷不乐？怒火是一种"毒药"，它不仅能让我们的心理瞬间崩溃，还能让我们苦心经营起来的良好形象毁于一旦。同时，它还会慢慢地浸染我们的人生态度与行为方式。无休止的怒火，会不断地击垮我们的毅力，消磨我们的心志，它就像导致"溃堤"的蚁穴一般，可以让你的"精神之堤"在瞬间被生活的洪水化为乌有！可见，坏脾气是人生诸多不幸之源。我们要想拥有好的命运、幸福的人生，就必须要学会去控制自己的脾气。

　　有句话说，发脾气是本能，而控制好自身的脾气则是一种本事了。我们要拥有这个本事，就要掌握一定的方法，为此，我编写了这本《只要脾气好，凡事皆会好》，它既是一部心理健康手册，又是一部人生励志修炼手册。书中采用通俗易懂的语言，经典的语句，深入人心，帮你打开思想上的桎梏和精神上的枷锁，告诉你如何才能拥有一个健康的心灵，永远保持一份好心情去开创属于自己的美好幸福人生。

白落梅说："许多人想行云流水过此一生，却总是风波四起，劲浪不止。平和之人，纵是经历沧海桑田也会安然无恙。敏感之人，遭遇一点风声便会不知所措。命运给每个人同等的安排，而选择如何经营自己的生活、酿造自己的情感，则在于自己的心性。"一个人人生是否幸福、幸运，完全在于内在的修养和心性，而本书正是从此处出发，让人通过哲理去参悟人生，让人在被冒犯，被误解的情况下，也照样能保持心平气和的智慧。通过本书，你将能够学会：掌控好自我情绪，让坏心情一扫而光；掌握豁达、淡定的处世方法；改善你同亲人、朋友、同事之间的关系；让你重拾健康和自信，做自己情绪的主人。

愿本书为你带来好运的同时，也让你拥有一个快乐、幸福的人生！

目 录
CONTENTS

第一章

人的一切美好顺境，
皆源于好脾气

　　一个人的脾气好不好，直接决定其命运的好坏。一个脾气暴躁的人，遇事、遇人稍不顺心就发火、怒气冲冲，甚至生闷气，不仅会毁了健康，还会造成人际关系紧张、家庭不和、工作不顺、事业遇阻。可以说，坏脾气是成功的大敌，是幸福的杀手，是破坏人际关系的魔鬼，所以，你想有一个好命运，就要懂得控制你的坏情绪，养成自制的习惯，改掉你的坏脾气，做一个平和的人。

1. 欲获幸福必先拥有"好情绪"

> 泰国的传奇人物——白龙王告诫："人只要脾气好，凡事就会好。很多人来到这里都问我：我的事业好不好？家庭好不好？孩子好不好？姻缘好不好？我只是回答一句：你的脾气好不好？"所以说，一个人命运好不好，关键取决于其脾气的好坏。

心学大师王阳明说，心是一切之源，人的和谐与平衡，幸福与烦离，成功与失败，快乐与痛苦，一切皆由心理产生的。境由心造，一个人拥有什么样的内心，完全不取决于外物。一个生性乐观者，无论处于多么糟糕的境况下，都能制造出独属于自己的快乐和满足来；相反，一个悲观者，无论自身有多么幸运，都能心生出痛苦和悲观来。

董倩是一位生性乐观的女人，也很懂得生活，更知道如何排解自己的不快。在别的同龄女人向她哭诉孩子有多么不听话、老公有多么不体贴、生活有多少忧愁的时候，董倩却只是静静地听着，脸上挂着温柔的微笑。

周围的朋友见她每天都乐呵呵的，便问她说："你的生活真的没有忧愁和烦恼吗？"董倩只是说："每个人的生活其实都一样，每天都有这样或那样的烦恼，但是，事情已经那样了，着急、紧张、发脾气、郁闷等又有什么用呢？"

其实，董倩也遇到过孩子考试不及格、老公被辞退、自己挨领导批评等琐碎小事，此时，她会安慰自己："孩子虽然成绩不好，但是非常健康的。丈夫虽然下岗，但对我还好，我被批评，但却还有一份收入不错的工作，为什么不快乐一点儿呢？快乐是一天，不快乐也是一天，当然要快乐，我们要享受生活嘛。"

幸福是每个人在生命中所承载的重要使命，我们每个人都有义务让自己去捕获生命中的快乐和幸福。所谓的幸福不是家财万贯，不是叱咤风云，而是拥有一颗满足且充满幸福的心，有了这么一个大宝藏，就算生活拮据，就算生活中有些不如意，也可以拥有幸福和快乐。

幸福其实是件很简单的事，只是很多时候我们却让它变得很复杂。疲惫时心灵的小憩，晚饭后陪爱人和孩子散步、嬉戏，给家里的老人做一顿可口的餐饭，等等，这些不经意的事与物，都能流淌出幸福的气息。

不同的情绪会呈现出不同的世界：同样一个境遇，一个悲观的人只看到黑暗和悲伤；而生性乐观者却看到美好与祥和。这也是后者更容易获得生活幸福的主要原因。

可见，不同的情绪、不同的看法会对生活产生不同的结果，一个人对生活的看法会决定一个人的成败，甚至能决定他的一生。好情绪会为你带来更多的好运气，而坏情绪则会一直阻碍你获得成功，让你终日都生活在悲伤之中。

生活中，我们如何才能拥有乐观、向上的好情绪呢？

（1）培养积极的思维方式

要使自己养成拥有积极思维方式的习惯，就要先付诸积极的行动。一位心理学家指出，积极的行动会导致积极的思维，而积极的思维又会导致积极的人生态度，而态度是紧跟行动的。如果一个人始终抱持消极的人生态度，总是等待感觉带动自己行动，那他永远也成不了积极的思维者。

（2）换个角度想问题

同样的事情，你从不同的角度去看，得到的结果往往是不同的。所以，遇到再糟糕的事情，都要从它的反面去分析，也许可以找到一个令自己快乐的理由。

（3）走进大自然，让坏情绪得以缓解

当你心情不好或者火气大时，完全可以离开你当下的环境，让自己融入大自然中，让自己的心情得以缓解和放松。印度瑜伽鼓励人们到户外空气清新的地方去练习，这样往往能取得较好的效果。当你忍受不了大城市的压力的时候就背上旅行包，主动去亲近自然，让情绪在大自然的怀抱里得以舒展。

总之，幸福的生活不在别人的手中，不在别人的口中，而在自己的心中，好情绪会为你带来好生活，不断地获取好心情，才是你幸福生活的保证。

2. 生气是对自己施予的一种酷刑

生气1小时的杀伤力相当于熬夜加班6小时！心理学家指出，生气是一个人对自己实施的酷刑，消极恶劣的情绪会造成心理及体力过度消耗，导致免疫力下降，使各种疾病甚至癌症发生，有时盛怒还会使人暴亡。所以，为了健康，千万别再生气。要知道，健康长寿是"1"，其余一切都是"1"后面的"0"，没有健康长寿，其他一切又有什么意义？

脾气不好的人，有一个习惯就是动不动爱生气。其实，生气是对自我施予的一种酷刑，它不仅让人深陷痛苦，而且还威胁着人体的健康。

现代医学表明，负面情绪是使现代人寿命缩短的罪魁祸首。不良情绪会影响人的消化系统、神经系统和免疫系统等，所以，爱生气的人是极难健康长寿的。医学家说，人每生一次气，就好比在肝上划了一道"伤口"，伤口愈合不仅需要时间，日积月累，你的肝上面还会伤痕累累！生活中，胃癌、肝癌、乳腺癌、子宫癌等重大疾病，这些无不与爱生气有着极为密切的关系。50%的人活不到100岁，皆源于爱生气！所以，从健康的角度考虑，你千万不要随便生气，不要乱发脾气。

孙波是某汽车制造厂的业务经理，谈判能力极强，但就是脾气不好。再加上工作压力大，他动不动就爱发怒。

有一次，他让助理为他处理一个市场调查的报表，由于时间仓促，助理不小心把一个城市的销售数额漏掉了，他发现后，丝毫不留情面，当着众多同事的面对助理大发脾气，旁边的同事劝他消消气，说让助理重做一遍就可以了，但是他还是十分生气，硬是将助理训了一顿，为此，助理也只好辞职。

他还喜欢钻牛角尖，有时候为了一点儿小小的问题就会与领导争得面红耳赤，令领导十分尴尬。过后他也为自己的行为感到懊悔，但他总是控制不了自己。

然而，在一次体检中，孙波被告知自己患了胃癌。医生告诉他，因为长时间的生气而引起交感神经兴奋，直接作用于心脏和血管，使胃肠血流量减少，蠕动减慢，从而长时间积累导致胃癌。

这个结果令他震惊，怎么也不敢相信自己年纪轻轻就患上这种病。于是，他情绪顿时十分低落，整天有气无力，做什么事情都打不起什么精神来，只能靠手术和化疗来治疗。但因为长时间心情抑郁，病情变得更为严重了。这对孙波来说，简直是一个没完没了的噩梦，压力也增加了不少。接下来该怎么办呢？事业蒸蒸日上，家庭和睦，孩子可爱，而唯独自己的身体出现了问题。他不停地开始抽烟，越想心中就越烦，越想就越伤心，好像不久就要离开人世似的。他也没有心思再将精力放入工作中去了，感觉生活失去了光彩，未来一片迷茫。

由此可见，生气是对生命施予的一种酷刑，是一种伤人伤己的事情。同时，生气发火是无能的表现，是失去智慧的表现，是心理素质脆弱、不成熟的表现，也是心胸狭窄的表现。所以，遇事不要轻易动肝火、发脾气，要学会宽容和容忍。宽容他人的过失，容忍他人的过错，尽力做到不生气。

现代社会，变化大、速度节奏快、压力重、烦恼多，你要做到不生气、不发火，就要保持乐观开朗的心境与态度。待人处事要看开一些、看淡一些。要知道，人生在世，不如意十有八九，我们不可求全责备，不可以有"完美主义的倾向"。凡事往好的一面看，向好的一面想，着力培养自己积极乐观的心态，那么，你的心中每天便会充满阳光。

另外，平衡心态，也是不生气的金钥匙！那么，如何要保持心态的平衡呢？要做到"善于比较"。经常这样对自己说：比我好的人虽然多，不如我者甚众。比上不足，比下有余；要常想到，我苦，世界上还有比我更苦的人。不都在坚强地生活嘛。作家史铁生在《幸福的底线》一文中说："发烧了，才知道不生病的日子多么清爽；咳嗽了，才知道不咳嗽的嗓子多么安详……人其实每时每刻都是幸运的，因为在任何磨难前面都可能再加一个'更'字。"时常以这样的话来安慰自己，那么，你便不容易再生气了。再者，要做到不生气，也要学会"惜缘、知足、宽容和感恩"，知足常乐，能忍则安，如果你能做到这些，那么，你的消极情绪便可以得到有效的化解。你的健康长寿便也有了保障。利人利己，何乐而不为呢？

3. 不急躁，耐心一点儿事情就顺了

人生的路上，我们都在奔跑，我们总在赶超一些人，也总在被一些人超越。人生的要义，一是欣赏沿途的风景，二是抵达遥远的终点；人生的秘诀，是寻找一种最适合自己的速度，莫因疾进而不堪重荷，莫因迟缓而空耗生命；人生的快乐，是走自己的路，看自己的景，超越他人不得意，被他人超越不失志。

生活中，多数人都认为生命应该是充满激情的，于是很多人，尤其是年轻人总是苛求自己以最快的速度完成工作或生活目标，不停地向前奔路，以至于让自己陷入痛苦中才发现欲速不达，很多事情是需要一些耐心的。

《世说新语》中记载了这样一个故事：

王蓝田是个性子急躁的人，有一次他吃鸡蛋，便用筷子扎鸡蛋，没有扎到，便十分生气，把鸡蛋扔到地上。鸡蛋在地上旋转不停，于是他从席上下来用鞋踩，又没有踩到。于是怒火中烧，从地上捡起鸡蛋放入口中，把蛋咬破后吐掉。

故事中的王蓝田是多么急躁的人啊，我们要笑他的同时，是否想过自己也有不同程度的急躁症呢？同事被提拔，自己便开始着急起来，加班加点，想要拼出业绩来，结果身体不配合，先垮了下来；朋友住上了新房，自己还居无定所，不由得自惭形秽，为了安居而烦躁不安；邻居的孩子出国了，自己的孩子还在国内一所高中里，于是四处打听，也想将之送出去……殊不知，这种急躁的心理一旦形成习惯很有可能害人害己。

心理学家指出，急躁的心情会扰乱你的行动，影响自己实现目标。其实，生活中的很多事情就如鱼竿上的鱼一样，对待它也不可太急躁，否则，它不仅不会上你的"钩"，还会给你带来一些负面的情绪。

莉莎是某著名公司的管理人员，在公司工作的 4 年中，领导对她的评价是：思维敏捷，办事麻利，工作能力极强；而同事和下属对她的评价却是：不够宽容，激动易怒，做事手段太强硬。领导与同事对她的评价有如此大的不同，还源于她急躁的性格。

在公司内部，只要是上级部门向她下达工作任务，她总能够提前完成工作任务，为此，她总是能得到领导的表扬。但是，为了提前完成工作任务，她对下属的要求却是十分苛刻的，明明需要 3 天才能完成的任务，而她却要将工作任务压缩到两天，不仅把自己搞得焦头烂额，也让那些去执行任务的员工手忙脚乱，精神压力甚大。同时，如果哪个环节出了问题，拖延了时间，她不仅会大发雷霆，而且还会扣除相关员工的月奖金，让她的下属苦不堪言。

对此，她也有自己的理由："我其实也不想把大家搞得那么紧张，但是我就是忍受不了那种慢吞吞的样子……在公司里，我自己从不甘心落后，一看到那些效率低下的员工，我就会不由自主地发脾气……对此，我也十分苦恼，我平时的工作压力大极了，头痛、失眠、焦虑经常伴随着我，而且整个人经常会莫名其妙地处于焦躁不安之中，动不动就想发脾气……"

这就是急躁带来的后果。其实莉莎的急躁性格产生的根源在于她苛求太多，她总是不甘于落后，不满足于现状，只要有工作任务，就会马上动手去做，这样做的目的无非是想得到领导的赞扬。但是，让自己背负着如此巨大的痛苦去换取领导的赞扬，未免有些得不偿失。

在生活中，我们是否也会这样：只要有任务或者有事情等着自己去做，就会马上动手去做，既不认真准备，又无周密计划。遇到烦琐的事情恨不得来个"快刀斩乱麻"，一下子想把问题都解决，问题一旦解决不了，就会产生挫败感，心神不宁。这时候，也时常听不进去别人的意见与建议，时常会对提意见或建议的人大发雷霆……自己的神经好像绷了根上紧的发条一样，永远无法平静下来！

其实，你是完全可以平静下来的。这时候，你只需舒缓自己的情绪，心中静静地默念：好，好，慢一点儿，不必急。并努力让自己心平气和地坐下来，放松神经，不刻意去思考什么内容，尽量使自己的思维维持在一种似有似无、天马行空的感觉里，或者集中精力听一种声音，比如钟的嘀答声。等精神松弛下来后，随意控制自己的心理活动，还可以想象事情发生的场景，将自己置身其中，最终就能找到更好的处事方式。

同时，要相信，耐心是可以培养的，不要对自己要求过高，也不要过分地苛求他人，理性而积极地认识自己，这样才让自己做出正确的选择与判断。做事情时，一方面要有计划，另一方面计划又不可过于完备，要预留自由度。俗话说"计划赶不上变化"，一个真正周到而有耐心的人，要善于在坚持自己的原则下灵活地变通，这样才能让自己在平静的状态下，有条不紊地达到自己的目标。

4. 善于取舍，别与自己较劲

嘴巴不好，脾气不好，心地再好也不能算是好人。脾气不好、爱生气的人往往会因小失大，因假失真，因苦失乐。其实，人生的乐与苦皆在于"取舍"之间：舍弃完美，得到解脱；舍弃虚名，得到洒脱；舍弃计较，得到幸福；舍弃固执，得到快乐。

有这样一种人，行事固执，事事都爱与他人计较，爱钻牛角尖，于是凡事都不顺心意，每天都生活在纠结、焦虑不安与愁苦之中。

行事固执，凡事爱较真儿，其实是在与自己较劲。这样的人，其思维是单向的、封闭的、经验型的，他们不是和别人争论，就是和自己较劲，因而会让自己经常处于不良的情绪状态之中，也经常搞不好人际关系。

有个人在野外行走，不小心撞到了拐角的一处墙壁上，这堵墙是个荒废的宅子的墙。他便勃然大怒，想要把墙给拆了再离开。但是拆墙的时候，他发现，这面墙其实特别结实，同伴劝他放弃，劝他绕路，劝他架个梯子过去，他都不同意，非要等拆了墙再离开。

这个笑话听起来有些好笑，但却是生活中很多人都曾经历过的事情。固执的人，心中只要认准了的事，便觉得是不可动摇的，稍微遇到一点儿小事，便会动怒。同时这样的人，对别人也缺乏基本的信任感，只要别人与其意见不合，便产生敌意和怀疑，常因为一点儿小事与人闹得不开心。另外，这样的人也都有完美主义的症结，发现稍有不如他意的地方，便会动怒。

固执的人，除了有完美主义倾向，情绪也是极为固执的，认定的事情就认为它是不可动摇的了，对别人缺乏基本的信任感，只要别人与他意见不合，便会对之产生敌意和怀疑，常因为一些小事与人闹得不开心。

固执对于人的身心健康是十分不利的，要改变自己固执的个性，远离坏情绪，就要学会自我调节。

（1）拒绝完美，善于取舍

要知道，如果你要将工作中所有的事情都做到尽善尽美，不仅会影响工作效率，而且还会消耗掉自己大量的精力，在这种情况下，就不可能将所有工作都做完美。工作时，要善于取舍，将那些不必要的、不重要的事情放下，这样就可以把自己主要精力放在一些主要的事情上，达到预定的目标。

（2）矫正自身的思维方式

要走出牛角尖，其实最主要的就是改变自己不良的思维方式，要增强思维的灵活性，什么事物都不是铁板一块儿、一成不变的。同时，在思考的时候，还要尽量地少用"必须""只能""唯一""一定"这类反映绝对倾向的字眼儿，以防自己走入死胡同中。

（3）换个思路解决问题

人在一味追究原因的时候，往往会失去判断力，解决不了根本的问题。如果能换个角度去看问题，也许会收到不一样的效果。要知道，解决同一问题的方法是多种多样的，而且路线也不一定都是直线式的。有时候换一个角度观察问题，另辟蹊径考虑对策，难题就能够得到解决。

（4）多参加大型的公共活动

固执的人大多都是思维方式不灵活的人，对此，可以多抽空参加一些大型的公共活动，开阔自己的思想和心胸，改变自己固执的行为。

5. 除祛浮躁，别错过人生路上的花香鸟语

人生最重要的莫过于享受生命，苦和甜源自外界，体味幸福则来自内心。美好的人生，要有一份内心的不声不响，有一份急迫中的不紧不慢，还有一份尴尬中的不卑不亢。人生最美好不是生如夏花，而是在时间的长河里，时刻能保持一颗不急躁、不浮躁、波澜不惊的心。

时代的快速发展，也让人们的内心蒙上了一层浮躁的尘埃。浮躁就是心浮气躁，它是导致人乱发脾气的根源，也是我们获得幸福和快乐的绊脚石，是人生的大敌。

浮躁造就了这样一批人：追求功名者，呼风唤雨，却最终名誉扫地；贪恋财富者，苦苦求索，最终一无所有；游戏人生者，心浮气躁，终被人生所戏。这些人因为浮躁，不够淡定，经常错过人生前进路上的花香鸟语。要知道，安详惬意的精彩人生只属于那些淡定前行的人。

初夏，北京某广场在明媚阳光的照耀下，显得很安详、和谐。行人井然有序，在广场上活动的人也兴高采烈。可惜天公不作美，突然下起了大雨，原本内心平静的人们一下子慌乱了起来，有的甚至还抱怨起天气来。人们四散奔跑，寻求避雨的地方。只有三个人悠闲地走着，有人问他们说："雨下这么大，怎么还不赶路？"

第一个人回答说："前面也在下雨啊，为什么要跑呢？"周围的一些人听到了这话，觉得有道理，便停下了奔跑的脚步。

第二个人回答："这干燥的天气难得下雨，与其跑还不如欣赏一下雨

中的风景呢。"众人觉得更有道理了，便一起欣赏雨中的美景。一把把的花雨伞，被雨衬得格外朦胧，的确成了一道美丽的风景。

这时，第三个人也回答了："下雨了吗？我只是在欣赏我心中那美妙绝伦的风景呢。"

面对突如其来的暴雨，三个人的态度各有不同；第一个人淡然处之；第二个人不仅能够淡然处之，还能兴致勃勃地欣赏雨中的风景；第三个人已经不在乎外界的得失，表现出内心的超然淡定，显然，他的"风景"要比身边的美景绚丽得多。那是闲云野鹤的清幽，那是放浪不羁的自在，那也是与世无争的自在逍遥。

可是，在现实生活中，多数人却是被人生的一个又一个"目标"逼迫着忙碌前行的。他们工作繁重、生活紧张、内心焦虑，时不时地对人发脾气。最终就算达到了某个目标，获得了短暂的快乐，却失去了人生路上最为重要和美好的景色。

苏格拉底的一位学生很想弄明白人生的意义是什么。但冥思苦想了许久，都没搞清楚这个哲学命题。于是，只好长途跋涉去拜访苏格拉底。

在行路的过程中，因为急于到达目的地，他无视路程中的艰难困苦，只是努力地赶路。长途漫漫，让他累得精疲力竭。终于，眼看就要见到苏格拉底了，他便松了一口气。就在他心情放松的同时，他感受到自己的鞋子中的那颗小石子，已经把脚磨得极不舒服了。

其实，他早早就感受到这颗小石子在磨脚了，但是为了磨炼自己的意志，为了修行，他始终忍受着磨脚的痛苦。

直到快到目的地时，他才停下急切的脚步，心想着：既然目的地已经快要抵达了，而又还有一些余暇，不如坐在山路旁边的石头上将鞋子中的石子倒出来再赶路吧，也可以顺便让自己轻松一下！

就在他弯腰脱鞋的时候，他的眼睛不自觉地瞄向了路边的湖光山色，竟然发现路途的风景是如此的美丽。当下，他领悟了一个重要的道理：自己这一路走来，如此匆忙，心思意念竟然只专注在目的地上，完全没有发现四周景色的优美。随即，他便大彻大悟，原来，人生的意义就在于在行走的路上领略美景，享受过程，而非达到某一目标。

接下来，他慢慢地将鞋子脱下，然后将那颗小石子拿在手中，禁不住地感叹说："小石子呀！真是想不到，这一路走来，你不断地刺痛我的脚掌心，原来是要提醒我，慢点儿走，注意生命中的一切美好的事物啊！"

其实，生命只是一个过程，其意义在过程，而不在结果。那些能在人生行程中淡定前行、不断享受生命精彩、领略路上的风景的人是智慧的，其人生也是极富有意义的。相反，那些为了达到个人"目标"，不断前行而忽视路上美景的人，其人生也是枯燥无味的。

一位哲人说，多数人的生命都是一万多天，人和人的不同就在于，你真的活了一万多天，还是一万多天只重复了几次。这句话富有深刻的意义。要想让人生更富有意义，就要懂得在前行的过程中淡定前行，多多去领略其中的精彩，而不是为了去达到某个目标，而使生命变得枯燥无味。

6. 流言如烟散，何必太计较

> 陀思妥耶夫斯基说："流言蜚语是无所不在的，否则世界便不成其为世界，千千万万的人会闲得发慌像苍蝇一般大批大批死去。"其实，对待流言蜚语就像对待一只缠扰不休的苍蝇一般，最明智的方法就是绝不轻举妄动，除非我们确信能打死它，否则它的反击会比之前更凶猛。

一位哲人说，人生在世，不过是被人说说，闲暇时也说说别人罢了。生活中，每个人都有可能会被置身于流言蜚语中。对此，很多人都难以沉住气，会愤怒、痛苦，紧接着便是争吵，甚至与人大打出手。其实，只要你静下心来想一想，这些是大可不必的，因为所谓的"流言"只不过像一团烟一般，它在产生的一瞬间会浓烈，但很快便会随风散去。如果你非要与之较劲，那就是在拿别人的错误惩罚自己。

作为社会人，我们每天都生活在别人的视线中，我们会对他人的言行举动做出评判，同样地，他人也会评判我们。当然，这种评判只是别人的一种看法，并不一定客观，如果因为别人不真实的看法或评判去改变自己的行为，让自己愤怒、痛苦，是一种极为愚蠢的做法。所以，当我们听到与自己相关的流言时，最聪明的做法就是搁置一旁不予理睬，选择以沉默对待，那么，一段时间后，它便会自动烟消云散，因为流言是经不起理性的推理与时间的考验的。

大学毕业便进入一家广告公司的晓慧，担任公司的行政助理。虽然，她的学历并不高，但是对工作却充满了热情，做事特别有干劲儿，深受大家的喜爱。而公司的市场部经理就是一个重能力而轻学历的人，他看到了晓慧身上的闯劲儿，于是就大胆地将晓慧调到销售部门，并让她负责一个区域的销售工作。

为此，市场部经理经常与晓慧在一起谈工作，还经常一起出差，一起吃饭，久而久之，办公室就传出了他们关系暧昧的流言。看到同事们都在用异样的眼光看自己，晓慧十分伤心，感到受到了莫大的委屈，痛苦极了。但是她又坚信：是非止于智者，清者自清，浊者自浊，时间会证明一切。我做好自己的工作就行了，过了一段时间，大家也都觉得流言之事经不起推敲，也就没人再提及此事了。

有人打电话告诉晓慧传播她谣言的"真凶"，而晓慧则说："这件事情已经过去了，不要再提了。"经过努力，晓慧很快成为销售部的精英，不久又升了职。

晓慧无疑是聪明的，面对流言蜚语，她只是淡然视之，仍旧埋头做好自己的事，最终流言不攻自破。如果晓慧得知传播她谣言的"真凶"后，大发脾气，与其大吵大闹，事情可能就会越描越黑，这也可能会影响到她的个人升迁。

你要知道，流言只是那些无聊之人在无聊生活中的谈资而已，风一吹，也就散了，对于此，我们根本不必去理会，即便是偶然从他们身边路过听到，也可以一笑了之，没必要大发脾气或者生闷气。

当然了，生活中一些带有攻击性的恶意的流言，多数是别人在不平衡的心理作用下产生的，这也意味着你的某些才能或者某些优秀的地方受到了他人的忌妒，对于此，我们更应该一笑置之，因为你是个优秀的人，没必要与一个不如自己的"弱者"去斤斤计较。再者，这些带有攻击性的流言，是散布者故意让你伤心、痛苦的，如果你真的为此伤心、痛苦，不正中了他们的意吗？但对于一些子虚乌有，且已经对自身名誉造成了重大损失的流言，我们完全可以考虑用法律的形式加以追究，即便是借助法律武器，也没必要有太大的心理压力，因为一切都是人之常情而已。

总之，路是你自己的，人生也是你自己的，不必要太去在乎别人的看法。任何人的看法与建议都不能从实质上改变什么。真正的智者，是能正视流言并有所取舍的人，他们能时刻保持淡定和从容，最终收获真实、快乐和美好。

7. 莫因小事将生活系上死结

作家白落梅说："许多人想行云流水过此一生，却总是风波四起，劲浪不止。平和之人，纵是经历沧海桑田也会安然无恙。敏感之人，遭遇一点风声便会不知所措。命运给每个人同等的安排，而选择如何经营自己的生活、酿造自己的情感，则在于自己的心性。"

生活中，将我们置于烦躁状态的往往不是大事，而是一些不起眼儿的微小的事情：早上起床晚了，上班迟到，被领导批评，一整天的情绪都不好；上班路上挤公共汽车时，被人踩了脚，心情异常糟糕；上班途中堵车，心中的怒火随之而来；工作中被客户的一句话伤到了自尊心，抑郁难当……这些事看似很小，但足以打乱我们平静的状态，吞噬掉一时乃至一天的好心情，让我们变得心神不宁、狂躁不安。

张静经常会被一些"小事"搞得心情烦躁，尤其是最近一周，她感觉"诸事不顺"：周一上班在装订文件时因为被小刀划破了手而沮丧不已；周二时又因为迟到而受到领导的批评，心情一天都极其低落；周三时又因为被客户拒绝而狂躁不已；周五时，孩子因为在学校与人打架，而被老师通

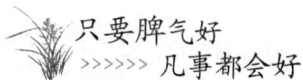

知到学校一趟……这样的小事经常发生在张静身上，扰乱她内心的平静，她经常感觉自己太倒霉了，心情很糟糕，动不动就想发脾气，越是这样，越容易出乱子，自己都觉得快撑不下去了……

这些生活琐事虽不起眼儿，但却是使人抓狂的根源。要想让自己的生活不乱阵脚，就要学会去控制自己的情绪与行为，尽力敞开心胸，不因小事将生活系上死结，让自己抓狂。

对于此，两千多年前，雅典的政治家伯里克利就曾经留给人类忠言："请注意啊，我们已经将太多的精力纠缠于一些小事情了！"这句话，对于今天的人们来说，仍然很值得品味和借鉴。

对于我们多数人来说，生活都是由无数的小事组合而成的，如果我们过多地拘泥、计较小事，那么，我们的人生也就没有什么意义和乐趣可言了，我们触目所及的必然都是烦恼、痛苦、矛盾与冲突。

现在你可以静下心来想一想：你正在一条街上，恰好被楼上居民随手扔掉的一个果皮砸到了头；你去买菜，有人不小心弄脏了你漂亮的新裙子……此时此刻，如果你不是大事化小，小事化了，不懂得去控制自己的情绪，而是口出污言秽语，或者对别人大发雷霆，就有可能会闹出更大的麻烦或祸端来，等于将自己置于更大的烦恼和痛苦中。

一位年轻女子与男友一起去看电影，因为人太拥挤，女子的脚被后面的一位男士无意间踩了一下，尽管男士已经道歉，但女子恼羞成怒，仍旧不依不饶，竟然唆使男友用刀将那男士砍伤以解气。结果，男友被判入狱，女子也从此整日以泪洗面。

在小事上过于斤斤计较，是损害人际关系的一大诱因，也是阻碍我们获得快乐和幸福的重要因素。所以，被琐事缠绕的你，还是宽容对待一切吧，切莫将之放在心上或者一直耿耿于怀，为自己戴上痛苦的紧箍咒。另外，从医学的观点看，事事计较、精于算计的人，对自己的身体也极其有害。

古语云："让一让，三尺巷。"对于生活中的小事情，让一让，忍一忍又何妨？人活在世上，理应开朗、豁达，活得超脱一些，如果你凡事都去斤斤计较，只是在给自己徒增烦恼罢了。

要知道，一个人的精力毕竟是有限的，如果你过于在小事上计较，那么，对人生中的一些大事的注意力与处理能力就必然会淡化，甚至无暇顾及了，这就意味着你将会失去更多。所以，我们要学会勇于放下，"糊涂"地对待一些小事，这样才能让自己收获更多重要的东西。

8. 放平心态，坦然对待功劳

你改变不了环境，但你可以改变自己；你改变不了事实，但你可以改变态度；你改变不了过去，但你可以改变现在；你不能控制他人，但你可以掌握自己；你不能预知明天，但你可以把握今天。这便是积极的人生态度，拥有了这样的心态，你便无往而不胜。

一位圣人带着他的弟子出去游玩，他们到一个水流湍急的瀑布前，看到水从200多英尺的高处倾泻下来，水花溅得甚远。这时候，圣人看见一位老者走进了瀑布里面，难不成他要轻生？圣人急忙派弟子前去施救。谁知那位老者已经在约百步以外的地方出现了，头发随风飘垂着，沿着河岸唱着歌。圣人十分好奇，就走近问道："先生，我知道你是位凡人，但你是用什么方法能够在这样湍急的水流中进退自如的呢？"

老者答道："我没有方法，只是随着漩涡进去，又随着漩涡出来。我让自己去适应水流，而不是让水流来适应我。这样，就可以让自己进退自如了。"

这则故事告诉我们：外界环境是不会随着人的意志而改变的，只有努力去适应"水流"，才能把自己从"漩涡"中解救出来。

刘雷是上海一家著名外资企业的销售部门经理，3年中，他始终都在尽心尽力地为公司做事，从数字统计表上来看，无论是销售业绩，还是下属员工的满意度，他都有极高的认可率。他每年业绩的增长率也是分公司中最高的，公司总领导对他十分赏识，就将公司华南地区的销售项目一并归他管辖，他的权力扩大了许多。

然而，公司总部为了进一步改变企业在中国有名无实的局面，特地委派了一位CEO来掌管企业。这位CEO上任后就在公司内部实行"铁腕政策"，将中国区领导团队重新做了调整，刘雷的权力被削弱了。随后，刘雷麾下的几个地方的市场总监几乎全部都被迫抽走，等于将他的权力给架空了，这也意味着刘雷几年来的心血和功劳全部都付之东流。一时间刘雷感觉十分痛苦和愤怒，人也变得消极悲观，他不知道如何是好。

其实，"优胜劣汰，适者生存"，是世界永恒的法则。因为权力调整，自己辛辛苦苦几年的努力全部被磨灭掉，心中的失落和痛苦也是难免的。面对这样的事实，刘雷愤怒、悲观是无济于事的，他要做的就是要看淡结果，重新找准自己的人生定位。具体可以从以下几方面努力调整自己的状态。

（1）调节内心的导向

其实，任何一个公司内部都是一个布满齿轮的大转盘，转盘不停地转动，要想不被齿轮所伤，就应该去不断地为自己寻求安全与合适的位置。如果自己改变不了任何决策和自己身边的人，但也不想被外界所伤，就必须深入了解公司的文化、运作方式与上司的行事风格，让自己在环境中慢慢地成熟，平衡自己的心态。

当然了，你可以试着与那些不如自己的人比较一下，这样就能够消除自身的不公平感。

（2）努力去适应环境

在职场中，你对工作环境的适应能力决定你自身的发展成败。如果你总是对自身的工作环境大加挑剔，为你所认为的不公平现象怨天尤人，大发牢骚，不但解决不了问题，反而还会因此耽误了本该做好的本职工作。

要知道，你适应环境的能力越强，成功的速度也就越快。因为当你能够清醒地认识自身所处的环境，并努力培养自己适应环境的能力时，你的思维与行为会以积极的状态去应对复杂的环境，这就为你以后的发展创造了有利的条件。较强的工作能力再加上积极的状态，你又何愁得不到老板的器重呢？

（3）培养自信心

信心会使人产生面对困难的勇气，它能使人爆发出身体内潜藏的能量与能力，以致最终能够战胜命运，达成所愿。信心对人一生的发展都起着十分重要的作用，无论是在智力、体力上还是做各种事情的能力上，信心都占据着基石性的支持地位。当你在工作中时刻充满信心，并让这些信心激发出你所有的勇气与能量之时，你便能够承担起一切苦难与挫折，接受任何的考验与试探，即便你身处不公平的环境，你也能够坦然去面对。

9. 及时清除你的心灵灰尘

一位艺术家说："你不能延长生命的长度，但你可以扩展它的宽度；你不能改变天气，但你可以左右自己的心情；你不可以控制环境，但你可以调整自己的心态。"这些话虽然简单但却经典、精辟，一个人有什么样的精神状态就会产生什么样的生活现实，这是毋庸置疑的。

每天，我们都会面对太多的事情，有意料之中的，有意想不到的。有积极的、顺利的，更有消极的、不顺的。我们的心灵每天都在接受着巨大的考验，承受太多现实的东西。时间一久，整个人也会跟着乱起来，痛苦的情绪、不愉快的记忆，如灰尘一样集聚在心里，如房间堆满了杂物而变得杂乱无章，使人心烦意乱、脾气暴躁。这个时候，我们就应该主动地放下原本的工作或者生活，去寻找另外一种新的生活，将心中的垃圾彻底清除干净，使自己得到解脱，以更好的精力和心态面对当下的生活，以重新焕发出对生活的热爱和激情。

福斯特是美国一所著名大学的校长，她向大家讲述了一段自己的亲身经历：

"有一年，我在实验室里待了很久，一个研究课题中的细节搞得我心烦气躁，整个人都快崩溃了，我不知道如何让自己的工作继续下去。于是，几天后，我向学校请了3个月的假，并告诉家人，不要问我要去什么地方，因为我自己也不清楚自己会到哪里。我厌倦了日复一日单调的工作，想做些自己想做的事情。

"于是，我只身一人去了美国南部的农村，趁着假期去尝试过另外一种全新的生活。在那里，我做着各种各样的工作，到农场去打工、给饭店刷盘子。和农民们一起在田地里做工时，我背着老板躲在角落里抽烟，或和工友偷懒聊天，这让我有一种前所未有的愉悦。"

最后，她还说到了一件有趣的事情：在回家的途中，她在一家餐厅找到一份刷盘子的工作，只干了 4 个小时，老板就把她叫了过来，给她结了账，并对她说："可怜的老太太，你刷盘子刷得太慢了，你被解雇了。"于是，这个"可怜的老太太"重新回到哈佛。回到自己熟悉的工作环境后，她觉得以往再熟悉不过的东西都变得新鲜有趣起来，工作成为一种全新的享受。

最后，她说："那 3 个月的经历，像一个淘气的孩子搞了一次恶作剧一样，新鲜而刺激。并且有了这次经历之后，我眼里的世界就如同儿童眼里的世界，一切都充满乐趣。我也不自觉地清理了原来心中积攒多年的'垃圾'。"

人的心理和身体一样，每天都会产生很多灰尘、垃圾，我们要学会及时清除，这不仅有益于心理健康，也为你的身体健康买了一份保险。情绪疾病有时候比心理疾病更可怕，因此我们在心情烦躁的时候，就要懂得给自己的生活更换一个新的频道，或者为自己确定一个"放松时段"，并融入到日常生活中，试着打破原有的生活状态，去体验另一种全新的生活，忘掉过去的种种不快，清除心灵尘埃，以全新的姿态面对新的生活。

另外，在生活中，当你遇到工作压力或者不顺的事情，千万不要将它们积压在心底，要懂得给这些坏情绪找一个宣泄的出口，比如找好朋友聊聊天，倾吐自己的怨气；听听音乐，到野外走走，以舒缓自己的心情，等等。

10. 修炼你的耐性

> 10岁时，可以为了一件玩具耍赖一星期；20岁时，可以为了一段爱情固执一两年；30岁时，勉强还可以为一顿美食排队一小时。不过，再到后来，会越来越没耐心。不论多喜欢，若要付出时间，就干脆放弃。——当没有什么东西能让你去等待时，衰老就找上了你。

现代人普遍都缺乏耐心：购物排长队，等一会儿就开始不耐烦，抱怨连天；到饭店吃饭，迟迟不上菜便怒气上蹿，找经理来理论；在马路上遇到塞车，看着前面长龙队伍，不由得心中一阵狂躁，不停地按车喇叭，弄得其他的行人也开始狂躁不安；等约会的朋友，一段时间不见人影，便开始打电话催促，甚至在对方到后，还脸色铁青、埋怨连连；接到工作任务后，恨不得通宵达旦地把它完成；新到一家单位，恨不得马上能接触核心任务，使尽浑身解数也要让领导器重自己……做什么事情，都缺乏一份耐力和耐心，这样只会置自己于狂躁与烦闷之中。耐性不足的人内心缺乏定力，易狂躁、沉不住气，人的坏脾气都是从缺乏耐心开始的，所以，要改正自己狂躁、易怒的坏习惯，就要从提升耐性开始。

从前有位年轻的小伙子，他与情人约会。情人来迟了，而小伙子又缺乏耐心，于是，他躺在大树下面长吁短叹。

忽然，他面前出现了一个小矮人，对他说道："我知道你为什么闷闷不乐。拿着这只纽扣，把它缝在衣服上。你要是遇着不得不等待的时候，只要将这枚纽扣向右一转，你就能够跳过时间，要多远有多远。"这让小伙子高兴极了。

他握着纽扣，试着一转：啊，情人已出现在眼前，还朝他笑送秋波呢。真棒啊！他心里想着：要是现在举行婚礼，那就更棒了。他又转了一下：隆重的婚礼，丰盛的酒席，他和情人肩并肩，周围管乐齐鸣，悠扬动人。他抬起头，盯着妻子的双眸，又想：现在只有我俩该多好！他悄悄转了一下纽扣：立时夜深人静……他心中的愿望层出不穷。我们应有座房子。他转动着纽扣：房子一下子飞到他眼前，宽敞明亮，迎接主人。我们还缺几个孩子，他又迫不及待，使劲儿转了一下纽扣：日月如梭，顿时已儿女成群。他站在窗前，眺望葡萄园，真遗憾，它尚未果实累累。偷转纽扣，飞越时间：葡萄成熟……生命就这样从他身边急速而过。还没有来得及享受过程，思索后果，他已老态龙钟，衰卧病榻。至此，他再也没有要为之而转动纽扣的事了。

眼下，生命已风烛残年，他才醒悟：过得那么着急，即使当下得到了满足，那生活还有什么意义呢？我一生无非是转眼间的结婚、生子、病死。他多么想将时间往回转一点儿，好好地品味下等待恋人的心情，与恋人从恋爱到结婚、生子、缓慢变老的过程。

他握着纽扣，浑身颤抖，试着向左一转，扣子猛地一动，他从梦中醒来，睁开眼，见自己还在那生机勃勃的树下等着可爱的情人。然而，现在他已学会了等待。他不再长吁短叹，而是静坐着沐浴明媚的阳光，平心静气地看着蔚蓝的天空，欣赏远处的春色和鲜艳的花朵，听着悦耳的鸟语，逗着草丛里的甲虫，他突然觉得等待的时光也可以变得如此的美好……

生命是由一连串重要的事与无关紧要的琐事组成的，等待的时光再无聊，再无意义，但它却是你生命的一个过程，与其在等待时狂躁不安，不如学会随遇而安，好好享受其过程。哲人说，当你没耐性去等待某一东西时，衰老就找上了你。要使你的心态足够年轻，请先从提升自己的耐性开始吧。

其实，除了生活，我们的工作也是需要一些耐心的。柏拉图说："耐心是一切聪明才智的基础。"对于初入职场的年轻人来说，耐心一方面可以让你积蓄力量，另一方面经过努力和历尽艰辛实现的愿望，才更能使你满足。

小丽去应聘外贸公司的经理秘书一职，但只有自学毕业证的她只得到了一个行政部文员的职位。对此，小丽并没有灰心丧气，觉得只要自己耐心做好文员的工作，一样很好。

每天，她的工作就是负责接待客人和复印、打印等琐事。同事们总是把一些需要复印和打印的文件一股脑儿地堆在小丽的桌子上，然后告诉她哪些需要复印、哪些需要打印、每种各需要多少份。小丽总是耐心地记录着各种要求，然后仔细地做。有好几次，因为小丽的认真负责检查让公司避免了巨大的损失。不久后，她就真的被提拔为经理秘书了。对此，小丽是这样说的："工作虽然简单，但是只要有超凡的耐心和细心，就会取得成功。"

是否有耐性被认为是一个人心理素质优劣、心理健康与否的衡量标准之一，也是人生未来是否成功的关键因素之一。可以说，培养自己的耐性，不仅能让人生活幸福，而且还对自己的工作和事业有帮助，对你今后的人生道路能产生极大的影响。所以，在现实生活中，请对周围的人、事与物少一点儿烦躁，多一点儿耐心吧，它能让你体味到生活的真滋味，也能让你的人生比别人多一些机遇。

11. 远离情绪化的行为

> 罗伯·怀特说："任何时候，一个人都不应该做自己情绪的奴隶，不应该使一切行动都受制于自己的情绪，而应该反过来控制情绪。无论境况多么糟糕，你都应该努力去支配你的环境，把自己从黑暗中拯救出来。"

脾气不好的人，通常都是情绪化的，他们的情绪不受自己控制，三言两语，就爱与人发生矛盾或冲突，很容易陷入痛苦的泥潭中，无法自拔。这样的人，不仅没有好的人缘，而且还时常使健康受到威胁。

一家医院曾经对 1600 名心脏病患者进行调查并发现，他们中的某些人经常处于过度焦虑、抑郁的状态中，过度情绪化使他们的心脏比一般人更为脆弱，同时也使他们无力承担情绪所带来的严重后果，并最终沦为情绪的奴隶。

何谓情绪化？情绪化是指由于受到了某件事情或者某些人的影响，过度让自己随着喜怒哀乐来做事，主要表现为容易激动，容易被激怒，做事总是不想后果，即过度冲动。过激的情绪是最具有破坏力的情绪，许多人都会因为一时情绪的激动，而做出令自己后悔终身的事情。

有一个叫夏洛克的法国人，年仅35岁，就成为一家跨国集团公司的中层管理者，享受着优厚的待遇。但是，在一次与工人的谈判中，他没能控制住自己的情绪，让他在瞬间失去了一切。

原来，夏洛克所在集团的分公司，员工因为对待遇和工作环境不满意，要求公司改善。在公司领导与员工举行的谈判中，夏洛克因为一句话，与某位谈判的员工发生了冲突，甚至还大打出手。这激起了员工的暴怒，终止了谈判，并立即举行罢工。一时间，集团公司的所有员工都举行了罢工，集团公司顿时陷入了危机之中。公司无奈之下，开除了夏洛克。

这一事件影响极大，夏洛克从此再也没找到合适的工作，为了生存，他不得不做起了清洁工。他远远没想到，一时的冲动，竟然能毁掉自己的一生。他后悔不已。

其实，在现实生活中，多数人都经历过因为一时情绪冲动，而做出让自己后悔莫及的事情。有些人只要情绪一来，一冲动，便会什么都不顾，什么难听的话都说得出口，什么伤人的举动都做得出来，甚至不顾及法律的存在。这便是过激情绪化的具体表现。

一般情况下，人的过激情绪化，会使人的行为有以下表现。

（1）个人行为的无理智性

人与动物的最大区别就是有理智，凡事会有计划、有目的、有意识。但是，当个人陷入过度情绪化的时候，往往会表现出丧失理智，会让行为完全跟着情绪走。在这一段时间内，他们缺乏独立的思考能力，显得不成熟，过于浮于表面，总是轻信于人，还会表现出对他人的过度依赖。

（2）行为冲动

人的行为本身应该受到个人意志力的控制，受到意识能动性的调节与支配。但是，个人的情绪化行为却充分反映出个人意志控制能力太弱，让个人凸显冲动性的一面。一遇到不称心与不如意的事情，便会像打足了气的气球一般，极易爆发。带有强烈个人色彩的行为，表面上看起来极为有力量，但是这种力量却不会持续很久。一旦爆发，其冲动行为便会随之而结束，而这种冲动行为往往会带来某种极为严重的破坏，行为便会具有攻击性。当然，这种进攻，并不一定依身体的力量方式出现，可能会以言语、表情的方式出现。比如会莫名其妙地对他人进行讽刺、挖苦，故意让他人难堪、尴尬等。

（3）行为对情景的严重依赖性

这一特征的显著特点就在于，个人会被具体生活环境中那些与自身利益相关的刺激所左右，只要满足自我需要的刺激一出现，便会显得异常兴奋。而一旦无法满足，便会异常愤怒，在这样的情况下，个人的行为便会显得原始而低级。如果这时有人为你设计一个满足你个人愿望的情景，你便会自觉地依照对方的预订方案行动，极容易上当受骗。

（4）行为多变，且不稳定

人一出现过激的情绪，便会使自身的行为变得多变、不稳定，喜怒哀乐随时会发生，让人琢磨不透。

正是因为过激情绪会对人造成不良的影响，使人缺乏理智、不成熟，成为社会不稳定的因素，所以，我们要学会控制自身过激情绪化的行为，努力做到以下几点。

（1）正视自己的情绪弱点

在情绪的世界中，每个人都有优点和缺点，我们要正视它，认清其优、劣势，尽力做到扬长避短，尽力为自己的短处找到行之有效的方法进行弥补。这样做的好处就在于，你会不断地变得更具有理智，使情绪化行为的出现频率降低。

（2）主动控制自我欲望

人的情绪化多与自我欲望得不到满足有关系，一旦人的欲望得不到满足，个人行为就会凸显出简单、浅显的一面，并会产生短视等各种反应，这时产生过激行为当然不足为怪。但是，如果我们能正确地降低过高的欲望，学会正确认识"付出与回报"的关系，理性认识自我，就能够防止出现盲目的情绪化行为。

（3）学会正确认识矛盾

很多人产生过激情绪化行为都是因为无法正确地认识和对待人与

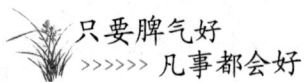

人之间的各种矛盾。如果你能够正确认识问题，不走极端，不过度片面化，不以偏概全，让自己学会全面地观察问题，多看到事物的正面与积极面，便能够有效地增加自我克服困难的勇气，从而增加自身的信心与对未来的希望。

第二章

发脾气是本能，
控制脾气是本事

愤怒、生气等坏情绪都是心灵长出的毒素，这种毒素不仅会严重危害到人的健康，还是人际关系的红灯，是你事业的绊脚石，是和睦家庭的原子弹，是我们所继承的"不良资产"，也会是遗传后代的疾病基因。所以，生活的智者，会在生气、愤怒时，主动为自己的怒火找一个释放的出口，比如迅速离开，转移自己的注意力；立即去运动，让怒气通过汗水排出去；找人倾诉，或者在空旷的地方大声叫喊，等等。一个人只有及时将怒火找个通道发泄出去，才能渐渐地改变他的坏脾气。

1. 与你的坏脾气来一次较量

一个乱发脾气的人，不会有什么朋友，也不会有什么前途，更不会有什么幸福。不想让坏脾气毁了你，就要学会改正它。改掉坏脾气有五个步骤：决心、爱自己、觉察、承担、克制。只要你依照步骤去慢慢练习，就一定能彻底摆脱它。

发脾气犹如饮鸩止渴，"鸩"虽然能解一时之渴，但对人的伤害却是巨大的。一个爱发脾气的人，人缘会很差，前途也会很渺茫，更会亲手毁了自己的幸福。所以，在生活中，你要想拥有成功的事业、美好的前途、良好的人缘、甜美的爱情、美满的婚姻和幸福的人生，那就必须改掉你的坏脾气。

可能有人会怀疑说："'江山易改，本性难移。'几年来，坏脾气已经成为我的秉性了，如何能改得掉呢？"这种说法是错误的！每个人的坏脾气都不是天生的，你完全可以通过与之较量，彻底摆脱它！

要改掉坏脾气，并非是件难事。但只要你能够深刻地认识到坏脾气带给你的痛苦和阻碍，并下定决心，就一定能够改掉它。如果你是一个脾气暴躁的人，那就从现在开始，好好地反思自己，并下决心与它来一次较量吧！

本杰明·富兰克林是美国历史上极有影响力的人物，他不仅是一个成功的实业家，而且还是一个著名的科学家、发明家、哲学家、航海家、政治家和外交家，他为美国的独立革命做出了卓越的贡献。

可是你能想象得到吗？富兰克林年轻时曾经也是一个脾气暴躁、冒冒失失的"问题青年"。一天，教友会的一位老教友把他拉到一边，用尖酸刻薄的话教训了他一顿："富兰克林先生，你可真是无可救药了，你总是嘲笑、攻击每一个跟你意见不同的人，你太不切合实际了，没有人受得了你的坏脾气，甚至连你的朋友都觉得，如果没有你在场的话，他们会更加自在些。你知道的东西太多了，没有人能够教你任何新的东西，而且也没有人愿意来做这种吃力不讨好的傻事。所以你不可能有进步了，而事实上你所知道的知识也十分有限。"

听到这样的告诫，富兰克林并没有发火，而是虚心地接受了别人对他的指责，觉得对方句句都说得在理，假如让坏脾气继续在自己的生活里胡作非为的话，自己一定会面临前途和人际交往双重失败的危险，于是他决定改掉自己的坏脾气，并且立即执行。为此，他发明了一套戒除恶习的妙方。他首先列出获得成功必不可少的13项美德：节制、沉默、秩序、果断、节俭、勤勉、诚恳、公正、中庸、清洁、镇静、贞洁、谦逊。然后一项一项地去达成。

就是这样，慢慢地，富兰克林发生了脱胎换骨的变化，脾气变得温和多了，对人也极为和气、很宽容，这为他事业的成功以及赢得世界性的声誉奠定了坚实的基础。

不可否认，乱发脾气，是一个人没有修养、缺乏自制力、不负责任和无能的重要表现，如果你不想让你的前途毁在坏脾气上，那就从现在开始下定决心，并立即行动起来吧，它会让你重新踏上新的旅途！

2. 脾气上来时，请踩"急刹车"

人的生命活动由三部分组成：思想、情绪、行动。思想产生情绪，情绪决定行动。行动与发生的事件也会影响一个人的思想，而思想会继续影响人的情绪。当你发现"这件事让我很生气"时，就要明白自己的情绪已经发动起来，行动即将发生，应促使思维和理智尽快对即将发生的事件进行预知、分析和评估，免得发生始料未及的后果。

生活中，你可能遇到过类似这样的问题，最近你总被一些莫名的烦恼所缠绕，于是，你遇事总想发火。不经意间你突然发现工作中的同事总是开始有意地躲着你走，午餐时也没人招呼你一起出去了。原来你这段时间脾气很急躁，动不动就为一点儿小事说别人的不是，所以，大家便开始疏远你了。毋庸置疑，坏脾气是人际关系恶化的黑手，也是摧毁幸福生活的杀手。

"黄小仙儿，你真不明白么？我们两个人是一不小心才走到这一步的？你仔细想想，在一起这么多年，每次吵架，都是你把话说绝了，一个脏字儿都不带，杀伤力却大得让我想去撞墙一了百了。吵完之后，你舒服了，想没想过我的感受？每次都是我自己觍着脸跟狗一样自己找一个台阶下！你永远趾高气扬，站在原地一动不动……"

电影《失恋三十三天》的黄小仙是个乐观的女孩，但脾气太坏，动不动就向男友发火，并且丝毫不考虑对方的感受，所以才亲手弄丢了自己苦心经营了 7 年的爱情。现代生活中，因为各种各样的压力和忙碌，每个人都难免会愤怒、生气。对此，亚里士多德说："那些在不应当愤怒时而愤怒的人，被视为无能；愤怒的方式，愤怒发作的时刻，以及愤怒的对象不适合时，也被视为无能的表现。"真正的智者，不是没脾气，而是懂得在脾气上来时，肯踩急刹车的人。

刘彤是一位情绪化非常严重的女士。她经常因为控制不了情绪与朋友发生冲突，这让她失去了不少好朋友。为此，她也苦恼不已。

为了能够改变自己，她走进了心理咨询室。心理咨询室的老师是这样说的："当下次你想发脾气的时候，你停下来想一想下面三个问题：第一，是什么事让你生气？第二，这件事情是否值得生气？第三，发脾气对事态的发展会有什么影响？当你想完这三个问题的时候，你的情绪就会稳定一些了，如果你再稍稍控制一下，你就能掌控自己的情绪了。"

刘彤就按照对方的建议去做了，每当脾气上来时，她就以上述三个问题让自己"刹车"，一段时间后，她的脾气确实大有改观。她周围的朋友也渐渐地多了起来。

众所周知，怒气是一种很具破坏性的情绪，它给人带来的负面影响可能远远大于我们的想象。为了不让坏脾气影响到我们的人际交往，毁了我们的生活，我们要做的就是学会控制它，就像刘彤一样，在脾气上来时，学会运用适当的方法"急刹车"。当然了，要控制住突如其来的坏脾气，除了采用"问题法"外，你还可以尝试运用下面的方法：

（1）"重新判断"帮助放宽心境

心理学上提出了一种名为"重新判断"的方法，认为它能平息人心中的怒火。"重新判断"即自觉地从一种比较积极的角度去看待他人对你的"冒犯"。例如当你遇到有人超车时，你可以对自己说："这个人大概有什么急事吧。"或者说："也许我的车开得的确太慢了。"那么，你的情绪就能平静很多。

（2）事先制定标志物提醒自己

你可以在墙上或者其他醒目的地方，写上控制脾气的标语或标志，坏脾气上来时，可警示自己。比如，林则徐在堂上挂上"制怒"的字匾，这样，他在怒气将发未发时，看到这两个字就及时控制住自己。你可以将座右铭贴在显眼的地方或请旁人提醒，在怒火将燃时就用此来扑灭它。

（3）学会情绪转移

不要让自己的愤怒情绪肆意发泄，但是也不要试着去压抑它，你需要学会去化解它，而情绪转移无疑是一种很好的选择，其核心就是做一些自己喜欢做的事情，通过高兴的事来淡忘你的负面情绪，其方式如听音乐、做运动等。

控制住冲动的情绪后不能就这么完了，一定要在冷静下来之后重新思考，努力打开心结，为什么会有冲动的情绪，为什么自己不能从一开始就看开点儿，为什么不能很好地控制情绪，这样可以帮助人们从源头减少冲动的机会。

3. 找出愤怒的源头再灭火

亚里士多德说："愤怒，就精神的配置序列而论，属于野兽一般的激情。它能经常反复，是一种残忍而百折不挠的力量，从而成为凶狠的根源，不幸的盟友，伤害和耻辱的帮凶。"如果你不想被愤怒的恶魔所控制，就要先找出怒气之源头，然后再"灭"掉它。

生活中，爱发脾气、生气、愤怒并不完全是一件坏事，它可以解决人在现实生活中遇到的一些矛盾，也可以让人内心的压抑得到一定的释放，从而更好地面对生活。所以，当我们愤怒的时候，一定不要过度地压抑自己，而是应该寻找到令自我愤怒爆发的根源，并在爆发之前将这些负面的情绪进一步地消除，从而使愤怒带来的负面影响进一步减少。

当然，要有效地缓解或者消除内心的怒气，首先要了解愤怒类型，从而找到行之有效的破解方法，这是十分必要的。

有一天，美国陆军部部长斯坦顿怒气冲冲地到了总统林肯的办公室，气呼呼地对他说，一位少将对他使用了侮辱性的语言，指责他对一些人过度地偏袒。林肯建议斯坦顿写几封内容尖刻的信去回击对他的侮辱。

林肯说："你可以在信里对他狠狠地责骂！"

斯坦顿立即坐下来，写下了一封措辞非常强烈的信，之后，将信拿给了林肯。

"非常不错，不错，这就是我要的效果！"林肯大声地叫好，"就得这样好好地教训他一番才是！这个写得的确太棒了！斯坦顿，你的讽刺的话写得真是太绝妙了。"

但是，当斯坦顿把信折好，准备放入信封中的时候，林肯却叫住了他："你在干什么？"

斯坦顿一惊，说道："要把信寄出去啊！"

"不要胡闹了！"林肯对他大声地斥责道，"怎么可能发出这样的信件！快将它扔到炉子里去！拿它撒撒气就可以了，不要这么胡闹！这封信的确写得不错，在写的时候，已经解气了！现在感觉好点儿了吗？那么，赶快将它处理掉吧！再接着写第二封！"

你知道林肯和斯坦顿的愤怒类型分别属于哪一类吗？林肯的方法又蕴含了哪些深义吗？林肯的"写信宣泄法"不仅让斯坦顿避免了陷入人际泥潭的危险，同时也有效地宣泄了他的不满情绪，这样的处理方法无疑对于矛盾双方都是十分有利的。

哈佛专家将愤怒分为了四大类型，并提出了具体的破解之法。如果你能认清愤怒的类型，那么，你就会发现，制服愤怒并不是一件困难的事情。

（1）破坏型愤怒

破坏型愤怒总会发泄自身的不满，而这类情绪所导致的结果往往是，你的破坏行为的确可以对他人形成挫败，但是此时，你的生活目的并不是努力为自己争取到应得的幸福，而是不让他人得到他们想要获得的东西，这种愤怒所导致的最终结果只有一种：双输。

要想改变"双输"的局面，你就应该运用正确的方法让自己尝试着去改变这一点：

第一，允许自己生气。要十分明确地告诉自己，自己可以发火，并通过发火让对方明白，你已经对他的行为到了极度厌倦的地步。

第二，把心里的话说出来。与其故意用生气来反抗，倒不如鼓足勇气告诉对方，你们之间的矛盾已经无法调和了，这可能对你而言是件不容易的事情，但是如果你不尝试将自己的心里话讲给对方听的话，你只能委屈地生活。

第三，学会掌控自己的生活。如果你被赋予了极高的期望，却无法到达，并因此而愤怒、生气的话，你应该努力做出改变。比如，当你无力独自承担家庭的经济支出，你应该明确向家人表明，你需要对方的付出与支持，而不是一边努力维系，一边却大发脾气。

（2）自责型愤怒

这一类的愤怒者每一次都会将错误揽到自己的身上，认为自己很无能，自己不争气，并因此对生活失去希望。如此这般，长时间将愤怒压在心底，容易对自己产生怀疑和失望，失去自信，甚至还会导致抑郁症。

对于自责型愤怒，我们可以从以下几个方面加以改善：

第一，质问自己。每一次你怪罪自己的时候，一定要问自己："是谁告诉我，我应该对此事情负责任？"同时，再问自己："我真的相信这一点吗？"认清楚真正的责任在何处，而不是不问青红皂白地挺身而出，将那些不该自己承担的责任全部揽到自己的身上。

第二，提升自信度。你可以列出一张清单，将自己的所有优点都写下来，找回自信是避免个人过度自责的关键所在，若你在这一点上有问题，你可以请专业的心理医生进行辅导和咨询。

（3）习惯性愤怒

习惯性愤怒往往并非针对事件本身应有的正确反应，而是一种错误的习惯，若你没有进行有意识的改变，它将会变成你生活中最为常见的行为。

当你总是习惯性地愤怒，总是如此直接地表达自我的不满，或者这种情绪总是会在不经意间流露出来时，那么，在这些愤怒的背后一定隐藏着一些你所不敢正视或者不曾留意的挫折、遗憾与怨恨，也许是由于你忌妒你的同事升职，也许是因为你的婚姻濒临破灭可你却不知道原因。你的习惯性愤怒会让他人压力过大，而选择远离、逃避你。

要改变这种非理性愤怒，你应该：

第一，直面自我内心。哪些才是让你最为满意的？若你能够对自我内心进行发掘的话，你就会发现，丢在地上的脏袜子、同事放在办公桌上的小纸屑不值得你愤怒，但是，若你在直面内心以后依然无法找到自我发怒的底线，你便需要接受专业人士的建议了。

第二，对愤怒迹象进行留意。当你愤怒的时候，你是不是不知不觉地攥紧了拳头？你总是会在房间里走来走去？你会不断地诅咒或者咬紧自己的牙关？若你可以灵敏地觉察到自己马上就要生气的种种迹象时，你便能够立即做出一些努力，以平息马上到来的怒气。

（4）隐忍型愤怒

就算你的愤怒已经到了极点，但你总是展现给他人一张笑脸，并不露痕迹地掩藏自己的真实感情。比如，你会吃得多，会过度消费，而且还会给别人的坏行为开绿灯，并拒绝给别人修正错误的机会。试想，如果对方根本不知道你为此受了伤，又怎么向你道歉呢？

那么，我们应如何改变这一点呢？

第一，挑战自己的核心信仰。扪心自问：对方的错误对他们自己来说是件好事情吗？比如，爱人对你无缘无故地责备是对的吗？上司拿你发脾气是件好事情吗？如果你足够诚实，你的答案一定是"当然不"。认识到对与错，这是改正的第一步。

第二，将自己置身事外。想象自己的一个朋友长时间被领导批评，无休止地加班，或者被漠视。对他来说，你该如何做出正确的反应呢？请你列出一张清单，写下他所可能采取的行为，然后扪心自问，为何这些方法对他可行，而对自己不可行呢？

第三，进行"健康"的对质。如果有人责备你，你完全可以用一种积极的、有建设意义的语言进行反击。对方可能会对你的语言感到吃惊，甚至会感到有些生气。但是，你知道吗？他们会谅解和习惯你的方式。对于家人和好朋友来说，隐忍型的愤怒比直接表达出来的愤怒更具有杀伤力。

4. 及时向他人倾诉你的苦恼

富兰克林说得好，愤怒"起于愚昧，终于悔恨"。轻易生气的人是愚昧的，这样的人生气过后就会后悔。所以，真正的智者都是能够控制自我情绪的人。人在愤怒时，及时找人倾诉，是一种为心灵排毒的方法。人在脾气爆发前一刻，及时找人倾诉，就等于为自己的坏情绪找了一个发泄的通道。

一般说来，愤怒情绪的发展有几个阶段：刚开始的时候，只是脸部表情上的不愉快、气愤或者低声嘀咕；如果情绪激动的话，愤怒就会加剧，继而浑身发颤、双手抖动，甚至还会失去自控、大怒乃至暴怒，最后还会变成丧失理智的狂怒。可见，愤怒情绪如果在刚开始就得不到化解，只会愈演愈烈，甚至会让人丧失理智，做出让人后悔终生的事来。所以，我们在发怒时，一定要及时找到宣泄的通道，让它及时得到化解。其实，人的愤怒都源于心中长久压抑的苦恼，如果你在苦恼或郁闷时，能及时找人倾诉，那么，就能将坏脾气消灭在萌芽状态了。

霍桑工厂是美国芝加哥郊外一个制造电话交换机的工厂，该厂具有比较完善的娱乐设施、医疗制度和养老金制度等，但工人仍愤愤不平，生产状况也很不理想。为探求原因，以哈佛大学教授 G. E. 梅奥为首的一批学者在该工厂进行了一系列实验。

在众多实验项目中，有一个"谈话试验"，专家们用两年多的时间，找工人谈话两万余人次，并规定在谈话过程中，要耐心倾听工人对厂方的各种意见和不满，并做详细记录。

这一"谈话试验"收到了意想不到的结果，霍桑工厂的产量大幅度提高。原来工人长期以来对工厂的各种管理制度和方法有诸多不满，但无处发泄，"谈话试验"使他们这些不满都发泄出来，从而感到心情舒畅，干劲儿倍增。

这就是心理学中著名的"霍桑效应"。作为一种宣泄途径，把憋在心里的牢骚和不满说出来的确可以缓解压力。很多事例也印证了这一点。

电影《欲望都市》讲述了 4 个女人的友情。她们虽然年近四十，却仍然是单身一人，于是她们个个都在努力寻找自己的真爱，然而现实却让她们一次次落空。幸好她们有要好的闺密，遇到烦恼和挫折时，她们彼此倾诉，彼此安慰，凭借友情的力量，她们继续向着自己的理想前进。

有些人因为性格内向、不善言辞，或者虽然有知心的朋友，但是却不想让他人为自己的事烦恼，类似这样的情况，他们该如何吐出心中的垃圾情绪呢？

电影《花样年华》里，梁朝伟把"树洞"当作倾诉秘密的方法。80 后小伙张宁从中得到启发，将该创意成功移植到了网络上。通过向网友们提供大大小小的虚拟"树洞"，让"压力山大"的都市人倾诉秘密、抒发隐痛、宣泄情绪，带动了一个"树洞产业"的蓬勃发展！

人发脾气，很多时候都是因为内心积压的悲伤、痛苦、怨恨、忧愁、焦虑等负面情绪导致的，所以，要避免坏脾气，就要懂得及时将你内心积压的那些负面情绪及时排遣出去。而向亲人倾诉、唠叨，是一种行之有效的方法。在亲友的劝慰和开导下，你的不良情绪便会很快地得到缓解，那么，人也就不那么容易发火了。

当然了，向他人倾诉你的苦恼时，一定要找自己很亲密的人，比如好友、爱人等，因为他们会全神贯注地聆听，并密切地关注你和劝慰你。心理学家指出，只有当人在被人关注的时候，心里的郁闷才能得到缓解，相反，当人在倾诉时，对方不能全身心投入聆听，便会增加倾诉者的郁闷心理，进而变得更为狂躁不安。所以，在倾诉你的苦恼前，找一个好的聆听者，对排遣你的郁闷情绪能起到至关重要的作用。

当然了，如果你的苦闷不便找人倾诉，可以采用写日记的方式，进行自我宣泄，这也是一种不错的缓解情绪的方法。

5. 畅快地大笑吧，像不曾受过伤一样

　　幸运女神会眷恋那些轻松爱笑的人，笑容所产生的正能量磁场可以吸引很多朋友靠近你，这也就是现在流行的"吸引力法则"，倘若你心中所想的好事情比较多，那么好的事情就会光顾你，倘若你日夜将自己陷在负面情绪中，那么"怕什么，自然就来什么"，坏的东西频频上门也就不足以为怪了。

　　人在情绪暴躁时，适当的大笑可以有效地平复人的情绪，缓解人的郁闷。笑对人的身心健康有着十分重要的作用。西方有句谚语："一个小丑进城，胜过十个医生。"主要是说，小丑给大家带来了欢笑，欢笑对人的身心健康能胜过十个医生对人的帮助。现代医学也证明，大笑能为人体的免疫系统的恢复和巩固创造良好的环境。大笑可以通过抑制体内压力激素的产生从而达到优化免疫系统的目的，此外，人在大笑时可以通过刺激人体的激素分泌从而使人的不良情绪得到缓解。

　　著名的化学家法拉第早年因为脾气暴躁，经常与人发生冲突，因此人缘很差。再加上他潜心钻研科学很少与人交流，所以，经常陷入抑郁的精神状态中，也时常感到胸闷、头痛。为此，他找了很多医生都没能治好他的病。有一次，他在头痛的时候听到家人讲笑话，他笑得前仰后合，头却不痛了。随后，他就给自己拟订了一个治疗计划：看喜剧片—吃饭—睡觉。经过一段时间的"治疗"，他的胸闷、头痛病就不药而治了。

　　可见，笑确实能缓解人的抑郁情绪，对人的身心健康有着有益的影

响，正如著名作家伯尔尼·希格尔所说"笑是人体的内部按摩师"。他说："人在笑的时候，其胸部、腹部与脸部的所有肌肉都能够得到轻微的锻炼，可以让人心情变得开朗，让疾病远离自己。"

心理学家指出：人在处于愤怒、焦虑、紧张等不良情绪下，机体就会分泌出过多的肾上腺物质，使人的心跳加快、脏器功能失调。而如果此时能够改变心态，让自己笑起来，快乐起来，身体便会立即松弛下来，人体的各种器官都会趋向良性，压力所带给人们的危害便可以得到缓解。所以，笑是一种非常有效的减压良方。

韩雪在上海一家外企工作，性格比较内向，还有些完美主义倾向。她有很强的事业心，为了尽快升职，她就强迫自己成为工作狂，基本没有什么业余时间。她所在的部门只有十几个员工，上班在同一处工作，下班都在职工公寓，都没有什么私人空间，大家经常也会为了工作上的事情争吵，这让韩雪烦不胜烦，心里感觉特别郁闷。

有一次，她利用午餐时间去单位旁边的银行办业务，当时等候的人很多，她就坐在等候区的长椅上休息。当时银行大厅前的大屏幕上有一个喜剧广告，那夸张的造型与单纯且又富有哲理的对话，让韩雪禁不住笑出声来，暂时忘却了工作的烦恼。此后，每到中午休息的时候，韩雪就会到网上找点喜剧性的搞笑短片看。时间一久，她发现短短几分钟的心理调节，开心地笑几次，对减轻她工作中的压力很有帮助，慢慢地，她觉得自己也变开朗了许多。

笑的确是一种减压剂，它可以振奋人的精神，缓解人的紧张和焦虑的情绪，会像魔术一样让心底的郁闷与不快消失得无影无踪。所以，在工作中，有太多的事情需要我们去认真对待：工作、健康、家庭关系等，我们如果能够时常开心地笑一笑，那么精神负担也就不会那么沉重了。

在生活中，让自己开心笑起来的方法有很多，常见且最容易的方法有以下几种。

（1）看漫画

对于上班族来说，可以在自己的办公桌前放几本幽默的漫画书，在精神压力大的时候或者是空余时间随便翻阅一下，便可以消除烦恼。

（2）看喜剧电影

在工作之余，你可以多看看喜剧电影，电影中富有哲理的情节、夸张的造型、搞笑的动作和幽默的语言，会让你狂笑不止，会让你立刻忘掉工作中的烦恼。

超级搞笑喜剧电影推荐：《超级街头霸王》《太坏了》《笑破铁幕》《终极笑探》《反斗神鹰》《杰与鲍伯的回击》《黑骑士》《笨贼妙探》等。

（3）和同事们讲笑话

在工作之余，可以与同事们一起讲讲笑话，不仅可以缓和与同事之间的关系，也可以为自己和大家减压。为此，你自己平时可以多看看笑话书籍，并用心记住一些，可以讲给同事们听，也可以让自己常开心。

除了看漫画、看喜剧电影、看笑话之外，还可以去跳舞、与朋友一起做些娱乐活动等，其实，生活中处处都充满了快乐的因素，只要你愿意改变自己的心态，你就会有一双发现快乐的眼睛，这时你便会发现自己正生活在快乐之中。

6. 愤怒前，先给自己一个安慰

快乐靠自己，没有谁能够同情和分担你的悲伤；坚强靠自己，没有谁会怜悯你的懦弱；努力靠自己，没有谁陪你原地停留；珍惜靠自己，别人也不愿意挥霍自己的青春；执着靠自己，没有谁会与你共同进退；一路走过靠自己，没有谁能够一直陪你走到底。

生活中，每个人都有可能遇到不顺心的事：因工作疏忽被公司解雇，因一句无意的话被朋友误解，孩子成绩下滑……当遇到这些，无人在意你的痛苦时，一定要学会自我安慰，否则，长时间沉浸于心理不平衡的状态，只会影响我们的生理以及心理健康，让人生陷入一片沼泽地。

大风刮起了风沙，漫天都是。一个人走在路上，看不清楚远方，唯能看到离自己几米的地方。他掏出火柴想点燃一支烟，刚一划火，就被一阵风吹灭了，他说道："点烟不过三，过三不点烟。"

但是3根火柴划过了，都被大风吹灭，烟仍旧没点着。于是他大声地说道："点烟不过七，过七不点烟！"于是，他又试着划了4根火柴，但是风实在是太大了，烟仍旧没能够点着，于是，他便轻声安慰自己说："管他三七二十一。"

点烟的人看似有些可笑，但却有十分积极的一面。因为他在尽力后，仍旧无力改变现实的时候，懂得自我安慰，让自己轻松很多。生活中，相信每个人都会遇到此类的小事，而且很容易被它所纠缠，甚至会使我们的精神处于崩溃的边缘。

心理学家认为，人的自我评价主要来自自身价值的选择，当我们被消极的情绪所困扰的时候，我们可以试着改变原来的价值观，学着从价值相反的方向进行思考，你的心情就会马上发生良性的变化，这也是懂得自我安慰者的常用方式。当烦恼来临的时候，与其在那里唉声叹气，惶惶不安，不如尝试自我心理调节，从相反的角度去考虑问题，情况便会由阴转晴，你就能彻底地从烦恼中解脱出来了。

在沙漠边缘住着一户人家，家中的女主人很能干。他们住的这个地方经常会刮暴风，暴风一吹就是几天几夜。很多时候，风势很强劲、猛烈，甚至会将房子掩埋。而且，暴风还十分热，吹得人的头发似乎要被烧焦了一般。所以，生活在沙漠周围的人都很烦恼。

但是，面对无法改变的事实，女主人却很少抱怨，暴风过后，她会立刻展开行动，将家中所有的小羊羔都杀死，因为她知道那些小羊羔反正是活不成了；而将小羊羔杀死，却可以挽救母羊。在屠杀了小羊之后，她就将羊群赶到南边的绿洲中去喝水。

所有这些行动都是在冷静中完成的，对于家中的损失，她没有任何的忧虑和抱怨。她说："就算我们损失了所有的一切，我们仍旧会感谢上帝，因为我们可以从头再来。"

女主人在遇到灾难后，不愤怒、不生气，仍旧还能保持积极乐观的心境，在于她懂得自我安慰！

其实，生活中，每个人都要学会用自我安慰来排解心里的烦恼。人要尊重自然规律，勇敢面对社会现实。在无可奈何的情况下，要懂得放弃，顺势而为，懂得自我取乐，这是让自己避免痛苦、活得轻松的重要法宝。

俄国作家契诃夫这样写道："要是火柴在你口袋里燃烧起来了，那你应该高兴，而且还要感谢上苍，多亏你的口袋不是火药库。要是你的手指扎了一根刺,那你应该高兴。挺好,多亏这根刺不是扎在眼睛里。"懂得自我安慰的人,很容易在失败或者困境中降低自己的挫折感。世界上那么多人,每个人在自己的世界中都是巨大的,可是在别人眼里通常又是微不足道的。每个人也许不能期许命运之神的特别眷顾,无法从外界得到救赎,起码我们可以自我安慰。请记住:当你痛苦时,若没人注意,一定不要忘记了,你还可以自己安慰自己。

7. 用哭泣打开心门以宣泄心中的不快

> 如果哭泣仅是一种宣泄,那就别再隐忍了,眼泪有时也能洗去懦弱;如果孤独仅是一种状态,那就别一味沉默了,只有发出自己的声音,才能找到自己的位置;如果放弃也是一种洒脱,那就别太执着了,该放手的时候,要舍得放下,该转身的时候,要毅然决绝。生活需要我们含泪前行,然后在不经意间给你一个微笑。

一首歌中这样唱道:"男人哭吧哭吧哭吧不是罪,再强的人也有权利去疲惫,微笑背后若只剩心碎,做人何必撑得那么狼狈!男人哭吧哭吧哭吧不是罪,尝尝阔别已久眼泪的滋味,就算下雨也是一种美,不如好好把握这个机会,痛哭一回……"这是说,哭泣是一种坏情绪的正常宣泄,所以,当我们处于不良情绪中时,一定要学会用泪水来释放自己。

日本主妇良友研究中心以477名《主妇良友》杂志读者为对象,进行了一项关于女性释放情绪的调查。结果显示,有58%的女性表示,每个月必哭一回，可见，当悲伤情绪来临时，日本女性大多都会选择"释放式"的哭来进行缓解。

有研究表明，哭既可以减轻情绪上的压力，也可以减轻身体上的压力。

心理学家克皮尔曾做过这样一个实验，他调查了137人，并将他们分为健康组和患病组。患病组是溃疡病和结肠炎的患者，这是两种与精神紧张密切相关的疾病。结果发现，健康组哭的次数比患病组多，而且哭后自我感觉较之哭前好了许多。

通过进一步的研究发现，人们情绪压抑时，会产生某些对人体有害的生物活性物质。哭泣时，这些有害的化学成分便会随着泪液排出体外，从而有效地降低了有害物质的浓度，缓解了紧张情绪。

曾有一位美国学者做了一个有趣的试验：他让一组人观看感人的电影，并收集他们因感动而流下的眼泪；让另一组人切洋葱，也收集下他们因辣眼而流下的泪水。结果发现，因感动而流下的"情感眼泪"中含儿茶酚胺成分，而"反射眼泪"中则没有。

医学上解释说儿茶酚胺是大脑在情绪压力下释放的一种化学物质，如果在体内积聚太多，就容易增加患心脑血管疾病的风险。因此，当我们心中积存了不愉快的情绪时，不要强忍着故作"坚强"，该哭时不妨尽情地哭出来。

生活总不会是一帆风顺的，每个人在生活中都会遇到一些不如意的事情，而女性相对来说更为敏感。面对那些让人不开心的事情，难免会产生一些负面的情绪，而且这种负面情绪积累得多了，倘若不及时地发泄出来，则极有可能会让人做出一些极端的事情来。

英国诗人丁尼生在一首诗里记述了一件事：一位战士战死在疆场，他的妻子被人们带到了他的尸体旁。妻子悲痛欲绝，但只是发呆而不能哭。一位学者说："妇人必须哭，否则她会死去。"但是谁也没有办法使她哭。

此时，一位聪明的妇女将她的小孩子带到她的眼前，她哭了，说："我的孩子，我为你而活着。"哭缓解了突如其来的打击所造成的高度紧张，避免了不幸的后果。

在如今这个快节奏的时代，怎样在紧张的生活节奏中调节自己的心情对我们而言显得格外重要。如果遇到某些糟糕至极的事情让你非常需要用哭来缓解的话，那就大哭一场吧，让它来为我们的身体和身心"排排毒"。

而同样是哭，其方式有多种：有无声的流泪，有小声的啜泣，也有号啕大哭；有人掩面而泣，有人涕泪横流。无论是哪种方式，哭过之后，便会雨过天晴，让自己怀着好心情再次踏上人生的征途。

需要特别说明的是，虽说哭泣落泪有助于我们排出体内积蓄的导致抑郁的有害物质，减轻压力。但如果悲伤和愤怒情绪得到发泄后仍哭泣，就会有伤身体。如影响到胃肠功能，导致胃酸分泌减少，消化减慢，影响食欲，甚至诱发多种胃病等。因此，哭泣时间不宜太长。对此，有相关专家便建议："哭泣最好控制在 15 分钟以内。"在 15 分钟内排出的是因为精神压抑所产生的有害物质，而超过 15 分钟，则就会因为悲伤而引发胃部的不适，久而久之便会患慢性胃炎。所以，女人用哭泣发泄情绪是可以的，但是在痛哭的时候，一定别忘记看一下时间。

8. 学会忘记，人生看得几清明

有时，我们苦恼，是因为记性太好。哲人说："记性不好的人，永远觉得生活清新有趣。"一个人要想快乐，就要学会忘记。背负着过去的痛苦，夹杂着现实的烦恼，这对于人的心灵而言毫无益处，反而会造成厌倦和悲观的生活情绪，与其这样，超脱地忘掉不也是一种幸福吗？

生活之中，多数人都懂得"记住"的好处，但是却不懂得"忘记"的必要性。面对生活中那些令我们烦恼和不快的人和事，那些令我们悲伤和痛苦的伤害，我们就要学会淡忘曾经。忘记是上天赐予我们洗涤心灵的特殊礼物！当你学会忘记了，就意味着为自己卸掉了一颗扰乱平静心灵的"定时炸弹"，忘记曾经的不快会让我们避开生命中的痛苦，让我们的心灵时刻享受到快乐和幸福的阳光，从而告别坏脾气，让心灵获得平和与宁静。

刚毕业的柳莠在一家药店中负责抓中药兼卖药的工作，虽然有点累，但因为与她的专业对口，干得很开心。她与店里同事，包括老板之间的关系都很好。

后来，新来了一位同事叫张蕾，她因为各方面都不熟悉，经常向与她同在一个柜台的柳莠请教、交流，如此一来，两人的关系最为亲密。几个月后的一天，柳莠突然被老板叫到办公室，质问她药铺里无缘无故少了两斤干枣和山楂的事。听老板的口气，好像是有人在背后说是她拿的，这让柳莠很是委屈。

几个月过去了，有一天下班后与家人吃饭时，柳莠接到一个同事打来的电话，说是张蕾为了与她抢生意，才在背后告她的"黑状"。柳莠马上告诉同事说："我不想知道，请您也替我保守秘密。"坐在她身边的妈妈对女儿的反应有些诧异，柳莠便解释说："知道了又能怎么样？还能找人算账去？既然事情发生了，做那样伤和气的事又有何意义呢？有些事不需要知道，有些事需要忘记。"

柳莠是豁达的，也是乐观的。人生不如意常十之八九，要让自己过得更快乐，就要学会给自己减压，而减压的最好方法就是学会忘记，人生需要拿得起，更要能够放得下。

有这样一个小故事：

说小和尚和老和尚一起去化缘，小和尚毕恭毕敬，什么事都看着师父。走到河边，一个女子要过河，老和尚背起女子过了河，女子道谢后离开了。小和尚心里一直想着：师父怎么可以背那个女子过河呢？但他又不敢问，一直走了20里，他实在憋不住了，就问师父："我们是出家人，你怎么能背那女子过河呢？"师父淡淡地说："我把她背过河就放下了，可你却背了她20里还没放下。"

老和尚的话充满禅意，仔细想想，也有人生的道理。人的一生像是一次长途跋涉，不停地行走，沿途会看到各种各样的风景，历经许许多多的坎坷，如果把走过去看过去的都牢记心上，就会给自己增加很多额外的负担，阅历越丰富，压力就越大，还不如一路走来一路忘记，永远保持轻装上阵。过去的已经过去了，时光不可能倒流，除了吸取经验教训以外，大可不必耿耿于怀。

要知道，对别人生气是拿别人的错误惩罚自己。老是念念不忘别人的坏处，实际上深受其害的是自己，既往不咎，不仅能让自己获得快乐，还能给自己留下宽怀大度的名声，何乐而不为呢？

苏东坡有语："梨花淡白柳深青，柳絮飞时花满城。惆怅东栏一株雪，人生看得几清明。"人的一生经历再多的痛苦，再多的悲伤，到头来，一双看不到的手总能够将其慢慢地抹去，一切的伤痛总会过去，我们要做的就是抓住当下的快乐，过好当下的每一寸光阴。

忘记过去的悲伤，就是坚强地正视过去，勇敢地面对现在。在很多时候，我们幸福与否，完全在我们的一念之间，既然不能够挽回就不要苦苦追求，优柔寡断势必让我们更痛。

忘记过去的伤痛，就能够潇洒地面对尘世间的一些哀伤与泪水，我们应该携带一些微笑与淡然上路。当回望来时的路，才能够发现曾经的美好。

忘记他人对自己的伤害，忘记朋友的背叛，忘记生命中所有的欺骗、愤怒与耻辱，你就会变得极为豁达宽容。

人生短暂，如过眼云烟，悲伤和快乐也仅仅是自己的选择。学会忘记，就能使心灵得到解脱。活在过去，只会让你的人生步履维艰，只有学会遗忘过去，才能够迎接更为辉煌灿烂的明天！

9. 妙用色彩来调节心情

色彩是视觉传达信息的一个重要的因素，能够表达感情，能影响人们的情绪、精神以及行动。俄国画家瓦西里·康定斯基也指出，色彩直接影响着精神，色彩和谐统一的关键在于对人类有目的地启示激发。

人的情绪是变幻莫测的，一会儿可以艳阳高照，开心十足，一会儿就可能会阴雨连绵，郁郁寡欢。拥有好的脾气和好的情绪是每个人都期望的，然而，在这纷繁复杂的社会中，如何才能够快速地调整好自己的情绪呢？其实很简单，你要学会运用彩色来调节你的情绪！

既然我们每个人都生活在色彩的世界中，因此也就在不知不觉中受色彩的影响。那么，我们不禁要问：色彩可以左右人的情绪吗？答案是肯定的。歌德在其著作《色彩论》中就曾生动地描述过几种颜色引起的不同情感。比如他认为绿色给人以满足，红色则象征着崇高和尊严。

心理学家对颜色与人的心理健康也进行了相关的研究。研究表明，在一般情况下，红色表示快乐、热情，它使人情绪热烈、饱满，激发爱的情感。黄色表示快乐、明亮，使人兴高采烈，充满喜悦之情。绿色表示和平，使人的心里有安定、恬静、温和之感。蓝色给人以安静、凉爽、舒适之感，使人心胸开朗。灰色使人感到郁闷、空虚。黑色使人感到庄严、沮丧和悲哀。白色使人有素雅、纯洁、轻快之感。总之各种颜色都会给人的情绪带来一定的影响，使人的心理活动发生变化。

有这样一则故事能说明颜色的威力。

1940年，美国纽约的码头工人曾因搬运太重的弹药箱而举行大罢工。于是，资本家便召集有关人员商议对策，其中，有一位色彩学家贾德教授提出了一个点子，将弹药箱的颜色漆成浅绿色，并告诉工人说弹药箱的重量已经减轻了。

资本家采纳了这个奇特的建议。工人看到浅绿色的弹药箱感觉轻多了，也不再抱怨了。

仅是颜色的变化就阻止了一次可能造成严重后果的大罢工，这在当时是出乎人们意料的。为什么工人们没有怨言了呢？这是因为颜色能使人产生不同的感觉。浅绿色使人觉得箱子比较轻。

20世纪初，法国学者费雷也做过类似的实验研究，他让人用测力器测量手的握力，并同时用各种色光影响他们，结果发现橙色光能使握力增加四分之三，红色光甚至能使握力增加一倍多。如果短时间工作，红色有助于提高生产率，蓝、绿色反之；不过，要是长时间工作，蓝、绿色有助于提高生产率，红色反之。

工作、生活中的诸多不如意，总使我们不知不觉陷入坏情绪的泥沼，此时，你可以借助一些手段帮助自己很好地调节情绪，而这其中，食物和衣着都是极佳的载体，不过比起暴饮暴食带来的负面影响，穿件颜色亮丽的漂亮衣服则会更划算些。

假如你的情绪很低落，如果再穿黑色的衣服，或许你的心情会变得更糟糕，此时，如果你穿绿色、红色或黄色的衣服，对你情绪的提升是有帮助的。

色彩往往能左右人的情绪，从而引起人的心境发生变化。在生活中，我们可以运用这些技巧来有意识地调节自己的情绪。

10. 让运动驱散你内心的郁闷情绪

　　运动可以调整人的不良情绪。比如，当生气或愤怒时，可以到空旷的地方去大喊大叫几声，或者去参加一些体力劳动，也可以进行比较剧烈的体育活动，如跑两圈，扔几个铅球，把心灵的毒素转化为体力上的能量释放出去，气也自然就顺畅了。

人的坏脾气多是内心的郁闷压抑得太久的缘故，所以，要将人的怒气消除在萌芽状态，就要在心情郁闷时，学会疏散你的坏情绪。而运动则是一种不错的驱散坏情绪的方法。俄国大文豪屠格涅夫曾告诫他人：人在暴怒的时候，在开口前把舌头在嘴里转上 10 圈儿，怒气也就减了一半。所以，当你感到不痛快的时候，可以做一些你喜欢的运动，这样既可以宣泄负面情绪，又能够避免伤及他人。

汪女士是公司的一名中层管理人员。她说平日里与人应酬实在太累，赶上一个节假日，她就来到瑜伽馆练起了瑜伽。在练瑜伽的过程中，她体会到了练习瑜伽的乐趣，一方面，锻炼了身体，另一方面，让她暂时忘却了工作中的烦恼。

佟小姐有空时会去郊区练习攀岩，她坦言，自己在这项运动中认识到：在毅力即将达到极限时，成功也随之到来。她说，现在在工作中，她不会像以往那样踟蹰不前，不会瞻前顾后，因为没有太多的时间允许你犹豫，也没有什么事情做不到。只要去实践，肯定会有收获。

另外，法国出现了一种新兴的行业：运动消气中心。中心有专业教练指导，教人们如何大喊大叫、扭毛巾、打枕头、捶沙发等，还可以做一种运动量颇大的"减压消气操"。在运动中心，上下左右皆铺满了海绵，任人摸爬滚打，纵横驰骋。事后，那些参与运动的人情绪都有明显的好转。

上述三则事例都向我们说明了同一个道理：运动是释放不良情绪的一剂良方！运动确实能减压，如下一项实验就说明了这一点。

科学家以老鼠为研究对象进行了两项实验。

实验一：将老鼠分为两组，让其中一组老鼠跑来跑去，进行运动，而另一组老鼠只是静静地待着，不进行任何运动。然后分别测试它们的脑细胞变化情况。

测试结果发现，进行了运动的老鼠，其脑内的 5-HT（五羟色胺）、多巴胺以及去甲肾上腺素（被称为天然的抗抑郁药物）的含量较高。

实验二：将运动过的老鼠置于一个冰冷的洗浴池，用来制造一个充满压力的环境。

压力的负作用之一就是会耗竭体内的 5-HT 的储备。实验结果也正如他们所预期的那样，运动过的老鼠在压力环境下，其大脑的某个区域诸如 5-HT 之类的活性物质会得到迅速释放，以此应对压力达到平衡。

这说明，运动的小鼠能够更好地应对压力，而且这一现象也同样出现在人类身上。

另外，从医学角度而言，运动之所以能缓解压力，让人保持平和的心态，与"腓肽效应"有关。腓肽是身体的一种激素，被称为"快乐因子"。当运动达到一定量时，身体产生的"腓肽效应"能愉悦神经。适当的运动锻炼，还有利于消除疲劳。那么，哪些运动能减压呢？

通常来说，有氧运动能使人全身得到放松。想通过运动缓解压力，可以参加一些缓和的、运动量小的运动，使心情先平静下来，如跳绳、跳操、游泳、散步、打乒乓球等。另外，为了达到放松身心的作用，可以选择自己喜爱的、能产生愉悦感的运动，这样效果会更佳。在通过运动来排解情绪时，需要注意如下两个方面的问题。

（1）不要带着情绪去做剧烈的运动

如果带着太大的压力和不良情绪去锻炼，在锻炼中思绪杂乱，注意力不集中，反而会影响锻炼的效果。比如有人刻意去做一些激烈的、运动量大的运动项目，认为出一身大汗，压力和不良情绪就会全部释放出来。其实效果恰恰相反，这种激烈且大运动量的锻炼，会造成身体疲劳，加上原来紧张的精神，压力不但排解不了，情绪反而会更坏。

（2）运动宜适度

运动需合理把握时间，不要一次把自己累得不行，过量的运动会透支我们的体能，并且还有可能引发相关的疾病，这样就得不偿失了。

11. 心情不好，你就大声喊出来

> 每天把牢骚拿出来晒晒太阳，心情就不会缺"钙"；当对某一事物产生不满、厌恶的情绪时，可用"喊叫疗法"来发泄烦恼，宁心息怒，使身心得以舒展。口乃心之门户，心情不好，你如能及时叫喊出来，所有的紧张和不快都会得到缓解。

人在事业受挫、工作困难、人际关系紧张等情况下，会产生沉重的心理压力，如果不能及时排解，很容易患上抑郁症，甚至变得脾气暴躁。

晓彤所在的公司更换了部门经理，该部门不少员工都惴惴不安，晓彤尤其紧张。她来到该公司已工作了3年。3年来业绩并不突出，并且和同事关系不太融洽，部门里除了主管，谁都不愿意和她说话。新的部门经理到来后，要求员工加强合作，尽管晓彤想尽了一切办法，但仍然融入不了同事的圈子，心中极其烦恼。自小体质不是太好、经常失眠的她，几个月来几乎没有一晚能够睡好，每天上班都是昏昏沉沉的。不佳的工作状态和极差的人缘，让她感到了一种恐惧。

晓彤实在无法忍受，便辞职回家休养了。回家以后，她的情绪也没能得到好转。无奈之下，她只好去进行心理咨询。从心理医生那里了解到，她患上了抑郁症，而造成她抑郁的根源，则是工作带给她的烦恼、同事之间无法相处的烦恼，以及担心失业的烦恼。

晓彤的状况，生活中每个人都有可能会遇到。她的抑郁多是因为坏情绪长时间得不到缓解而产生的。心理学家研究发现，通过喊叫可以达到发泄不良情绪和振奋精神体能的目的。为此，为舒解郁闷，很多人都会尝试"喊叫疗法"。其实，所谓喊叫疗法，就是通过急促、强烈、粗犷、无拘无束的喊叫，将内心的积郁发泄出来，从而达到精神状态和心理状态的平衡协调。

"喊叫疗法"是一种简易的调适疗法。其做法是利用假日或空闲时间到荒郊野外，无人空旷处，或仅自己一人在家时（记住！必须确认，隔音设备良好，不致影响到邻居，否则易引起邻居的好奇或抗议），对着墙壁或者到空旷处大声喊叫，将想讲、想骂、想哭、想笑的人和事尽情宣泄，过后自然精神愉快，轻松无比。

艾德琳是一家公司的中层管理人员，在工作中她总是笑容满面。她是如何做到这一点的呢？

一天晚上，艾德琳的一位好友来探望她，只见她正对着天上的飞机大声地说话，好友对她的这一举动很是不解，艾德琳解释道："我将我心中的烦恼对着飞机大声说出来，这样我心情就会轻松很多，这是我发泄情绪的一种方式。"

朗诵诗歌和文章，也与喊叫疗法有异曲同工之妙，可以进行无害宣泄。性格刚直者，往往可以选择一些表现阳刚之气、感情激越的诗文来朗诵，以便疏导怨愤之气。性格柔弱者，则往往适宜于诵读阴柔、缠绵式的作品，以此消弭郁闷。

无论是工作还是生活中，烦恼总会伴在我们左右。如何面对烦恼？如何处理烦恼呢？

一女孩儿与人激烈争吵，被朋友强行带开，回到家中仍气愤难平，然而一会儿她就恢复了平静。问其故，答曰得益于朗诵滑稽、幽默的句子。诵着这样的诗句，她就觉得一身舒坦，心中的郁闷也随之涣然冰释。

生活上，工作上，感情上，我们或许多多少少会面临一些不爽，有时候压得人喘不过气来，这时你需要找个合适的方式释放一下，以尽快化解

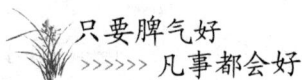

郁闷，让自己的状态调整到最好。消除郁闷的方法有很多，除了在不影响他人的情况下将心中的郁闷大声喊出来外，你还可以尝试其他方法，如吃东西、睡觉、唱歌等。

12. 学会换位思考也很重要

《马太福音》中说："你们愿意别人怎样待你，你们也要怎样待人。"换位思考是人类经过长期博弈、付出惨重代价后总结出的黄金法则。社会是一个利益共同体，没有人是一座孤岛。我们不能用自己的左手去伤右手，我们是同一棵树上的叶和果。克鲁泡特金在《互助论》中表示：只有互助性强的生物群才能生存，对人类而言，换位思考是互助的前提。

很多时候，我们发脾气，痛苦、愤怒往往不是源于问题本身，而是因为我们过度坚持自己对问题的看法。不同的人在看待事情时的角度也往往呈现出截然不同的模样，你是否能站在他人的视角上对自我观点、自我做法进行审视，是你能否有效地回避痛苦、减少挫折的有效方法。

14岁的凯瑞问老师："我如何才能成为一个能让自己愉快，也能带给别人快乐的人呢？"

"第一是要把自己当成别人！这样当你欣喜若狂时，把自己当成别人，那些狂喜也会变得平和一些！"老师接着说，"第二是要把别人当成自己！这样就可以真正同情别人的不幸，理解别人的需要，而且在别人需要帮助的时候给予最恰当的帮助。第三是要把别人当成别人，即要充分尊重每个人的独立性，在任何情形下都不要侵犯他人的核心领地。"

　　这个对话提示了人对自己的认识过程，是一个从自我本位向他人本位转移的过程，而且实现这一过程需要的条件就是换位思考。其实，所谓的换位思考，就是从对方的立场和角度去考虑问题。在现实生活中，需要我们换位思考的问题比比皆是，家长与老师、老师与学生、批评者与被批评者、上级与下级、干部与群众等。如果你凡事都能换位思考，站在他人的位置上考虑问题、处理事情、解决矛盾，那么，你与他人之间便会多一分和谐，少一分愤怒。

　　一位哲人说，大部分时间里，人与人之间的争吵，完全是可以避免的，其万能的法宝就是学会换位思考，让自己经常站在他人的角度去想一想。在我们的日常生活与工作中，难免会遇到意见不同甚至对立的一面，双方应本着商量与探讨的原则去解决问题，唯有如此，才能让误会与憎恨减少。

　　（1）拥有辨别对错、是非的能力

　　要进行换位思考，首先要拥有辨别对错、是非的能力。不同的环境、不同的人生观与不同的思维方式甚至不同的身份，都决定了个人思考角度的不同。要想在纷繁复杂的社会中进行准确的换位思考，首先一定要提升个人能力，让自己拥有对与错、是与非的辨别能力，唯有如此，个人才能在进行换位思考时，不至于让自己被各类情绪所影响。

　　（2）先冷静，再换位

　　进行正常思辨的前提是让自己清醒和冷静下来。而换位思考并非在任何环境下都能够做到。一旦受到他人的观点、看法的冲击，人很容易被情感冲昏头脑。为了找回自己所期望的状态，往往会过度坚持自己的意见——哪怕这种意见本身是错误的。

　　（3）认识到自我思维的局限性

　　所谓换位思考，即主观地站在对立面的角度去考虑、发现问题或者观点的正确性，避免因为考虑问题的主观性，使自己的观点缺乏客观的普遍性，产生片面的结果或者决策。在思维的主观与客观间，你应该明确地认识到自我思维有着片面、独断的特点，可能自己的某些想法与思维还存在不具备现实可行性，而换位思考则可以使你观点中的主观性进一步淡化，令你在考虑他人的看法时，进一步全面认识自我观点，使其更容易被普遍所接受。

(4) 换位思考并非代表全盘接受他人的观点

当你利用自身智慧与常识发现对方的观点是错误的时候，你完全可以坦然告之，而当你站在对方的立场上考虑问题，并发现对方观点存在的合理性后，再把这些观点进行整合，则更有利于你获得全面的观点。当你不断地与他人进行观点交换时，你的观点会日趋成熟、日益具备客观性，别人也会更容易接受你的观点。

第三章

莫因一时的恼怒，
毁掉一生的前途

一个人火气大，爱发脾气，实际上是一种敌意和愤怒的心态。当人们的主观愿望与客观愿望相悖时就会产生这种消极的情绪反应。心理学研究表明，脾气暴躁、经常发火的人，不仅可能诱发心脏病，而且会增加患其他病的概率。同时，爱冲动，个性狂躁，也是一个人成事的大敌。所以，为了确保自己的身心健康，为了个人的前程，就要克服发脾气的坏毛病。当然，要控制并改掉坏脾气，首先要找出你坏脾气产生的源头，然后再运用恰当的方法给你的心灵灭火，并坚持不断地提升自我涵养。这样做就一定能彻底与坏脾气"决裂"。

1. 坏脾气是缺少智慧的表现

> 脾气坏的人，心灵上都有一种"戾气"，那是其智慧缺少的产物。其实，每个人都可能有这样的体验：阅历越深对人和事就会越宽容，这其实是对自我的一种接纳，是一种智慧。所以，请管好你的脾气。心灵的戾气，恰恰彰显了你人生的短板。

星期天，张波与一伙朋友闲聊时谈及李明："那个家伙什么都好，就是脾气太过暴躁，爱生气。"谁知，李明刚好路过，听到了这句话，马上怒火中烧，冲进屋中，捉住张波，拳打脚踢。

众人赶忙上前劝架说道："有什么话好好说，为何非要动手打人呢？"而李明则怒气冲冲地说道："此人在背后说我坏话，还冤枉我脾气暴躁，爱生气，所以就该打！"众人听罢，便说道："人家没有冤枉你啊，看你现在的样子，不是脾气暴躁是什么呢？"李明哑口无言，灰溜溜地走开了。

脾气暴躁的人，遇到一点儿不顺心或不愉快的事就会怒不可遏，立即上去大发雷霆，结果却让事情变得越来越糟糕，这是智慧不够的表现。其因为智慧不够，对周围的世界与事物看不透、分不清，所以，极容易生出怨气和怒气来，长此以往，只会让众人远离，将自己推入绝境中。一个真正富有智慧的人，其内在思想是丰盈的，他对这个世界、社会和人生都有一套较为完整的看法，无论遇到何事何人都会保持淡定和从容。同时，他们无论在什么情况下，都会及时转换心态，获得快乐。

在一条菜市街上，一位卖果蔬的老妇人，做人很是厚道，对客人也极为热心，无论面对怎样刁难的顾客，她都能和颜悦色地对待。另外，她的果蔬不仅新鲜，而且价格也极为公道，所以，生意总是特别好。这让与她相邻的几家小商贩很是不满。为了出气，他们每天在扫地的时候，总会有意地将垃圾扫到她的店门口。对此，这位老妇人看在眼里，却未与他们计较，而且每次还会把垃圾扫到角落里堆起来，然后又将店门前清扫得干干净净。

有一位热心的人忍不住问她说："周围所有人都将垃圾扫到你家店门口，你为什么一点儿脾气都没有呢？"老妇人笑道："在我们家乡有个习俗，过年的时候大家都会把垃圾往家里扫，因为垃圾就代表财富，垃圾越多，就代表来年你赚的钱也越多。现在每天都会有人把垃圾扫到我这里，代表我的财运不错，我感谢他们还来不及呢，怎么会发脾气呢？"

相邻几家小商贩听了她这话，再也不往老妇人店前堆垃圾了。

面对他人的故意挑衅，很多人都会大动干戈，怒火中烧。而这位老妇人却能及时地转换自己的心态，欣然接受，她平和的处事态度不仅为自己制造了好心情，也化解了邻里干戈，这难道不是一种过人的智慧吗？一个平和之人，因为有厚实的知识底蕴做支撑，就不会去计较个人的得与失，更不会在乎周围人对他的冒犯，也不会在乎他人的误解和世俗偏见对自己的评价，因为他的内心本身就是一个完美的世界，为此他不会色厉内荏，外强中干，更不会随意对人发脾气。这样的人，对自己与周围的人和世界都有极为强大的信念，这种信念能让他坚持自我原则，与世界万物和谐相处。

一个富有智慧的人，内心是强大的，其有开放的意识与开放的心态，对于任何不同的声音，他都能够认真听进去，然后能用自己的逻辑、常识、常理、直觉、经验以及科学的方法去检验，所以他们对于他人冒犯性的行为和话语不会轻易发怒，而是会理智且和谐地解决与他人的冲突和矛盾。

所以，如果你是一个爱生气、易发怒且想改掉这些坏毛病的人，请先懂得用书籍去充实自己的大脑，丰盈自己的内心，增添自己的智慧吧！

2. 愤怒本质上多源于能力不足

人的一切愤怒本质上多源于自己的能力不足，生气是因为缺乏智慧。人在悔恨或事情得不到解决的时候，才会愤怒，在别人没有照你的意思做，你的情感得不到满足的时候，才会生气。所以，遇事时，与其愤怒，不如先反思自己，提升自己，强大自我。

工作中，我们常会因为上司的一句不经意的批评而情绪低沉，也会因为本能做好但却搞砸的工作项目而郁郁寡欢，也可能因为他人的嘲笑、挖苦而怒火中烧，想报复对方，也可能因为目前自己的身体状况不佳而愁眉不展……我们之所以会为此痛苦、烦躁，都是因为自己无法处理面临的各种困难，这些难题不会随着时间的流逝而淡化，反而会逐渐成为巨石甚至大山一样的负担。时间越长，人越发现自己不能解决这些难题。这种负担是人痛苦的起源。究其本质，是我们不能承担这种负担，无法解决困难，改变自己的处境。

这就可以理解为，人在面临难以解决的困难时通常是软弱的。而人苦于无法解决困难，逐渐认识到自己无能为力，除了怨天尤人之外，唯一的宣泄只能是愤怒，而且是针对自己的愤怒。只不过，很多人会将这种愤怒宣泄到他人身上，这种不理智的行为，是极其愚蠢的。所以，要做一个智者，请别轻易将愤怒"写"在脸上，更别轻易发怒，而是要像卡耐基所说的，与其愤怒，不如学着从困境中吸纳长处和精华，化为自己强身壮体的"钙质"。

这一天，49 岁的伯尼·马库斯像往常一样，拎着心爱的公文包去公司上班。

在 20 多年的职业生涯中，他始终勤勤恳恳、兢兢业业，才坐到今天职业经理人的位置上。他只需要再这样工作 11 年，就完全可以安安稳稳地拿到退休金了。可是，他万万没有想到，这是他在公司工作的最后一天。

"你被解雇了。"

"为什么？我犯了什么错？"他惊讶地问。

"不，你没有过错，公司发展不景气，董事会决定裁员，仅此而已。"是的，仅此而已。他听到这个理由，内心的怒火顿时蹿上来，想在公司大闹一场，把董事会的成员给揍一顿。但是，他却控制住了。因为他知道，接下来解决繁重的家庭开支才是最主要的，愤怒能解一时之气，却并不能解决全家的生活问题。

在那段日子里，他经常去洛杉矶一家街头咖啡厅，一坐就是几个小时，也无法化解内心的痛苦、迷茫和巨大的精神压力。

一天，伯尼·马库斯遇到了自己的老朋友——同样遭到解雇的亚瑟·布兰克。他俩互相劝勉，一起寻求解决的办法。"为什么我们不自己创办一家公司呢？"这个念头像火苗一样，点燃了两人压抑在心中的激情和梦想。于是，就在这间咖啡店里，他们策划建立新的家居仓储公司，制定出了"拥有最低价格、最优选择、最好服务"的公司理念和使这一理念得以成功实践的一套管理制度，然后就开始创办企业。那是 1978 年春天。

20 年后，他们的原本名不见经传的小公司发展成为拥有 775 家分店、15 万名员工、年销售额 300 亿美元的世界 500 强企业，这就是闻名全球的美国家居仓储公司，成为全球零售业发展史上的一个奇迹。奇迹始于 20 年前的一句话：你被解雇了！

普京说："没有实力的愤怒毫无意义！"当你的人生陷入困境中时，愤怒除了给你增加痛苦和精神压力外，毫无任何用处。要知道，你的愤怒、生气是一种无能的表现，不仅会毁了你的形象，还会将你的缺点和短处暴露无遗。所以，与其无休止地愤怒，不如及时行动，努力去改变或扭转既定的事实！正如马库斯一般，在绝望中寻求希望，再付诸行动，才能真正解决你的问题。

其实，人在无能或无可奈何时，要解决自身的痛苦，一般有以下几种途径：

(1) 正视困境，正视自身，意识到困难是一种生命过程，把困难当作一种磨炼，用困境来锻炼自身的意志力，让自己能够从心理状态到实际能力都得到增强，提高自己的能力，使自己能够解决问题，化解危机，根除痛苦的根源。

(2) 认识困难不可避免，以及自身的各种弱点和缺陷，承认自己的软弱和卑微，然后采取顺其自然的方式，乐观淡然面对困境，在力所能及的情况下，努力对自身和处境都做出改变，尽可能地减少困难对自身产生的影响，弱化痛苦给自己带来的伤害。

(3) 在困难中看到自己的失败，发现自己难以改变一切，可用其他事情分散自己对困境的注意力，并面对一切。

3. 别让一时的愤怒毁了你的人生

你能多快处理自己的情绪，就能多快得到成功。坏脾气会赶走你的好运，让你错失机遇。所以，那些心宽的人，不过就是能释怀。在成为你想要成为的人之前，请做好两件事：活着，释怀。

世界潜能开发大师安东尼·罗宾说："成功的秘诀在于懂得如何控制痛苦与快乐这股力量，而不为这股力量所反制。如果你能做到这一点，就能掌握住自己的人生，反之，你的人生无法掌握。"其实，很多时候，使事情变得糟糕的，不是自身的能力或智慧不够，而是没有能控制住自己的坏脾气。因为人在关键时刻冒火、发怒，可能会毁了自己的整个人生。

1936年9月7日，世界台球冠军争夺赛在纽约举行。众多选手中，路易斯·福克斯的成绩非常好，一路杀进决赛，只要再得几分便可稳拿冠军了。就连组委会，也都开始准备为福克斯颁奖。

然而就在这个时候，出人意料的事情发生了：轮到福克斯出杆时，他发现一只苍蝇落在主球上了，于是挥手将苍蝇赶走了。

谁知，就在福克斯准备再次击球时，那只苍蝇又回来了。不得已，福克斯在观众的笑声中再一次起身驱赶苍蝇。这只讨厌的苍蝇破坏了他的心情，而且更为糟糕的是，苍蝇好像有意跟他作对，他一回到球台，它就又飞回到主球上来，引得周围的观众哈哈大笑。

这只苍蝇一遍遍地与自己作对，让路易斯·福克斯的情绪有些失控了，他狠狠地握紧了拳头。当这只苍蝇再次飞回时，他愤怒地用球杆去击打苍蝇，球杆碰到了主球，裁判判他犯规，他因此失去了一轮机会。

这次失误，使福克斯方寸大乱，之前的战术全部丢到了脑后。他的这种表现，激发了对手约翰·迪瑞的斗志，他愈战愈勇，终于赶上并超过了福克斯，最后拿走了桂冠。

就在所有人都以为这件事终于画上了句号之时，第二天早上人们在河里发现了路易斯·福克斯的尸体。没有人想到，因为愤怒，福克斯居然投河自杀了！

这件事在当时引起了巨大的轰动，因为没有人想到，所向无敌的世界冠军竟然被一只小小的苍蝇击倒了。更没有人想到，一次愤怒，他竟能做出以结束自己的生命来泄愤的蠢事。

可见，愤怒会对人的心理产生多大的影响！生活中，那些遇到一点儿小事便与人大打出手，或者遇到不顺便在由怒火横冲直撞而不加克制的人，是难成大器的。这样的人会因为无法控制怒气，而使周围的人对其望而却步；会因为肆意放纵自我的坏情绪，让许多稍纵即逝的机会白白浪费。

成就大事的人，都懂得一个亘古不变的秘诀：弱者任坏脾气控制行为，强者让行为控制思绪。想要在生活中更幸福、在工作中更顺心、在事业上更如意，首先要做一个能够掌控自我情绪的人，从而在理性的指导下明是非、知进退，甚至将不好的事情推向好的发展方向。要制怒，就要从以下几个方面做起。

（1）要清醒地认识到自己的坏脾气

要克制自己的怒火，改掉自己的坏脾气，首先要承认自己有这个毛病，在此基础上再认真分析自己容易愤怒的原因，在什么情况下容易爆发等，然后再选择一些有效的方法去克服它，这样做的好处就是可以随时随地提醒自己去克制这个坏毛病。

（2）愤怒时，学会转移情绪

当情绪激动要冒火时，学会有意识地转移当下的话题，或者离开当下的环境以此来分散自己的注意力，把注意力转移到其他活动中去，使激动的情绪慢慢地平复下来。长此以往，你就会发现自己的内心平和了许多，爱发脾气的习惯也就自然能改掉了。

（3）学会以积极的眼光和心态看待身边的人与事

很多时候情绪激动、爱发脾气是因为不能够以正确的心态对待身边的人与事。为此，要改掉自己的坏脾气，就要学会换个角度，以积极的心态对周围的人和事进行观察，并发现他们积极的一面，使自己乐观起来。

总之，凡事多一些理性的思考，少一些任性的臆测，就能把不良情绪这个魔鬼关在牢笼里，战胜那些企图摧毁你人生的力量。你只有领悟了自我情绪变化的规律，才能更好地掌控它，才能够在生活中多多发挥自我积极的力量，从而成就辉煌的事业。

4. 制怒于将起，忘怒于瞬间

一个能克制坏情绪的人，是战无不胜的。生活中，有些人最终能熬成人生的大赢家，皆因他们心中有一把"制怒"的锁，而钥匙就握在他们自己手上，不到万不得已、退无可退时，他们绝不会轻易把钥匙插入锁孔。

人有七情，"怒"为其一，它经常莫名地冒出来让我们在瞬间丧失"理智"：与人交谈，一言不合，面色铁青，火马上呼呼地燃烧起来，继而破口大骂，不顾他人的颜面；到餐厅点了食物，半个小时过去了还未见菜，便嘴里念念有词，要叫经理来兴师问罪；排队买东西，却有人来插队，心中冒起无名怒火；在生活中，朋友的一句无心的话，却让你敏感的心觉得伤了自尊，心中怒火中烧；工作中，上司指出你工作中的错误，你气不打一处来……这些情绪失控的情况，许多人都遇到过，它严重地影响了我们的人际关系，打破了我们内心的平静，损害了我们的健康。而一个追求不凡人生的人，一定是懂得自我控制的人。

关于如何控制怒气，英国思想家培根说："怒气必须在程度和时间两个方面都受限制。"就是说，要改掉自己的坏脾气，一要懂得制怒于将起，控制在微怒、愠怒的程度，不让它发展为暴怒、狂怒；二要忘怒于瞬间，发怒的时间不超过 3 分钟。所以，当我们"怒从心中起"时，可以适当地喝一杯茶，听一听别人的解释，或许会柳暗花明。再不济，我们学会默念"1、2、3……"，让情绪暂且回落。只有这样，你的火气才能第一时间扑灭！

林则徐年轻时性子急躁，遇事稍不称心就发怒。父亲唯恐他的坏脾气会坏了大事，总是劝他，但成效都不大。一年，林则徐将赴外地上任，临行前，父亲给他讲了这么一个故事：

从前有一个县官，很孝敬父母，所以，对那些不孝的犯人判罪特别重。一天，有两个人捆了一个嘴里塞着东西的年轻人来见县官，说这个年轻人是个不孝之子，不但骂他娘，而且还打他娘。这位县官很气愤，就立即命人重打年轻人 50 大板，将那位年轻人打得皮开肉绽。这时，有个老婆婆拄着拐杖进来，边哭边诉道："求求青天大老爷做主，刚才有两个强盗来抢我家的牛，我儿子一个人打不过两双手，被强盗绑了去，不知弄到哪儿去了，请求老爷赶快替我找我儿子，我就只有这么一个孝顺的儿子呀！"县官这才明白，原来被打的人是个孝子。

最后，林父意味深长地说："真是一时性急，判错了案，这是草菅人命啊！"

林则徐对父亲的一番教导很是感动，于是当场便遵嘱写了"制怒"两字的横幅，随身带着，时时警惕自己改掉心情急躁、容易发怒的坏毛病。

时间一久，他还从中悟出了制怒的养身之道。他说："性子急躁，遇事不顺心，便易发怒；发怒多了，肝火就旺，肝火旺，既坏事，又伤身，我看老年人得中风，十有八九是肝火旺的缘故。"

不可否认，用"制怒"的横幅来警告自己是一种有效的平复自我情绪的方法。其实，我们每个人都可以找到属于自己的"制怒"方法。一般来说，可以从以下几点出发。

（1）要充分认识到发怒带来的不良后果。发怒可造成心血管机能的紊乱，出现心律不齐、高血压和冠心病等症状。严重时还会导致脑血栓或心肌梗死，以及高血压患者的猝死等，只要你牢记这些，发怒时便可以用来警示自己，达到制怒的目的。

（2）有意躲开"触媒（催化剂）"，有意识地撤火。人在愤怒时，大脑皮层中往往出现强烈的兴奋点，并且它还会向四周蔓延。为此，要在"怒发"尚未"冲冠"之际，善于运用理智有意识地去转移兴奋的中心。比如，有意躲开一触即发的"触媒"，即争吵的对象、发怒的现场，到其他的地方做点儿别的事情。

（3）自我暗示、激励。就是给自己提出任务，自己做自己的司令官，坚信自己有能力控制个人的感情。爱发怒的人也不妨搞个座右铭。如："脾气暴躁是人类较为卑劣的天性"，"仁爱产生仁爱，野蛮产生野蛮"，"发怒是没文化教养的表现"，"发怒是无能、软弱的表现"等，通过这样积极的自我暗示，便可以组织自身的心理活动获得战胜怒气的精神力量。

（4）宣泄法。摔打一些无关紧要的物品能够有效地宣泄怒气。也可以跑到楼下，再爬上楼，每步登两个台阶，跑步上楼更好。还可以与别人聊聊。

（5）自我按摩。怒气会使颈部和肩部内的肌肉紧张引起头痛，自我按摩头部或太阳穴 10 秒钟左右，有助于减少怒气，缓解肌肉紧张。

（6）用冷水洗脸。冷水会降低皮肤的温度，消除怒气。

（7）闭目深呼吸。把眼睛闭上几秒钟，再用力伸展身体，使心神慢慢安定下来。

（8）大声呼喊，或高声唱歌，或大声朗诵，必须从腹部深处发出声音。

5. 化怒气为力量，激发你的潜能

> 人生不顺时，要多说"我相信"，用感性来激发自己走出人生的泥潭；人生太顺时，要养成说"我明白"的习惯，用理性来规范自己。人生好比一锅汤：要沸时，加瓢水；温吞时，加点火。人人一锅汤，还得靠你自己的火候自己熬。

生活中，上司的批评，同事的嘲笑、讽刺以及他人对自己能力的否定等，都会激发我们的怒气。如果你任怒气肆意蔓延，那你有可能会被人排斥，令人厌恶，甚至有可能断送前程，失去朋友。而如果你能将怒气转化为一种奋发向前的力量，那有可能会改变你的现状甚至命运。

几年前，刘涛是一家店铺的电脑维修工。当时仅26岁的他，心虽怀远大的梦想，但自己所处的环境却与自己的理想相差甚远。

有一天，刘涛获知北京一家软件研发公司正在招工程师，便决定去试一试，期望幸运可以降临到自己头上。但是，事情并不是很如意，面试官对他说："看得出来，你是个性情急躁、眼高手低的人，还是回去踏踏实实做你的维修工吧！"

刘涛听罢，有些恼怒，但很快压下去了。回到家里，他一个人坐在窗前，看着外面闪烁的灯光，不由得陷入了沉思中。他一回想起面试官的那句话，便怒气冲冲的。但是，他很快又恢复了平静，心想：我不能再这样下去了，生气、愤怒并不能解决任何事情，我要好好反思，以后谁都不能小瞧我！

刘涛反思发现，自己并非智力低下，但情商太低。与周围那些成功的人相比，自己最为明显的缺陷就在于总是情绪失控。他记得有一次，公司要从维修工中提拔一个优秀的人为小组管理者，但是他却因为内心的胆怯和不自信，错失了那次机会；还有一次，他在维修电梯的过程中，因为一件小事情与小区人员发生了冲突而受到了领导的批评，从此之后，他便失去了受领导赏识的机会；他在工作中，也时不时地会因为不够理智与同事发生这样或那样的矛盾或冲突。想到这里，他的思绪一下子清晰了起来，他第一次意识到自己的最大缺点在哪里：情绪不够稳定，过于冲动，遇事不够冷静，有时候还会莫名其妙地自卑。

一整个晚上，刘涛都在进行自我检讨。他发现自己从工作以来，一直都是妄自菲薄、得过且过、眼高手低的人。同时，他也暗自下定决心，要改变自己，努力克制自我情绪，重新塑造一个全新的自我。

第二天，刘涛感觉到了从未有过的轻松。他开始学会调控自我，每天都微笑着对待周围的人，而且还专心研习软件开发知识，并虚心向同事和领导请教一些细小的问题。两年后，刘涛便得到了机会的垂青，他被一家有实力的软件公司看中，最后成了那家公司的骨干。

刘涛在没有受到打击时是一个得过且过的人，当受到批评后，他有些愤怒。但愤怒的结果有两种：一种是自暴自弃；另一种是积极向上。刘涛的成功就在于能及时化怒气为力量，通过自我努力，为自己赢得了不错的前程。如果他当时与面试官大吵一架后再自暴自弃，那么前途很可能会一片渺茫。

可以说，一个人只有掌控了自己的内心世界，才能掌控外面的世界。也可以说，一个人如果有强大的征服自我的能力，那么，他也很容易征服世界，所以，从这个意义上说，成功属于有自控力的人！

那么，如何才能将怒气转化为个人前进的动力呢？

(1) 正确地评价自我，不要过高或过低地看待自己

要化怒气为力量，就要懂得正确地认识并评价自我，看清自我的优势和劣势，才能在被人嘲笑或讽刺的时候不放弃自己，在失落的时候不小看自己，在顺利的时候不高估自己。只有对自己有正确的认识，做自己可以胜任的事情，对自己有一个合理的预期和评价，才能在不断地进步和成长中一步步地走向成功。

(2) 培养自己独立的人格，做自己的主人

做自己的主人，确立属于自己的原则，知道自己该坚持什么，什么无法容忍。人云亦云并不能帮助你解决任何问题，反而会让你陷入迷雾中，最后一点点迷失自我。所以，在因他人的嘲讽或打击而使你愤怒或情绪低落的时候，不妨告诉自己："我是自己命运的主人，谁也主宰不了我。"默念几遍后，你就真的能从悲愤中一步步地走出，通过努力，塑造一个全新的自我。

6. 问题能让人动怒，但动怒却解决不了问题

怒火就是一种毒药，它不仅能让我们的心理瞬间崩溃，还能让经营起来的良好形象毁于一旦。同时，它还会慢慢地浸染我们的人生态度和行为方式。无休止的怒火，会不断地击垮我们的毅力，消磨我们的心志，它就像"溃堤"的蚂蚁一样，可以让你的"精神之堤"被生活的洪水化为乌有！

脾气不好的人但凡在生活中遇到问题，其第一反应便是动怒：孩子犯了错，上去就是一顿臭骂；下属把工作搞砸了，先对其训斥发泄一番；朋友冒犯了自己，马上以恶语回击……但是，你是否想过，问题会让我们火冒三丈，但是冒火却解决不了任何问题，反而还会让问题变得更糟糕。

拿破仑是世界著名的暴脾气，一次，他从间谍那里得到情报：外交大臣塔列朗密谋反对他。得到消息后，拿破仑立即从战场回到巴黎，召集所有大臣开会。会上，拿破仑坐立不安，含沙射影地指出塔列朗的密谋，但塔列朗却没有丝毫反应。

看到塔列朗无动于衷，拿破仑无法控制自己的情绪，逼近塔列朗说："有些大臣希望我死掉！"但塔列朗依然不动声色，只是满脸疑惑地看着他。

终于，拿破仑再也无法忍耐，对着塔列朗狂喊道："我给你极大的权力，赏赐你无数的财富。你竟然如此伤害我。你这个忘恩负义的东西，你什么都不是，不过是穿着丝袜的一坨狗屎。我永远也不愿再见到你了。"说完他转身离去了。

看到这个局面，其他大臣面面相觑。但是塔列朗依然一副泰然自若的样子，对其他大臣说："真遗憾，各位绅士，如此伟大的人物竟然这样没礼貌。"

拿破仑的失态和塔列朗的镇静自若很快在人们中间传播开来，拿破仑的威望降低了。人们开始觉到，拿破仑已经走下坡路了，就像塔列朗事后预言的那样："这是结束的开端。"

其实，对于下属的叛变，拿破仑可以采取其他许多不同的做法，例如：他可以自我反省一下，大臣们为什么会反对自己？他可以倾听，从大臣们身上了解自己的缺陷；也可以试着争取他们回心转意支持他，等等。所有这些策略中，最不应该的就是激烈地攻击和孩子气地发脾气。正是因为自己的这种不理智，拿破仑才逐渐失去了民心，最终自己把自己打败了。

其实，真正聪明且富有智慧的人，在遇到问题后，第一件事就是先保持淡定、平和，然后努力去寻求解决的办法，而不是先丧失理智，对人生气、发脾气，做出让自己后悔终生的事。

世兰与丈夫结婚3年，前两年两人还算恩爱。但是，第三年，她发现丈夫像变了个人似的，对自己的事不管不问，而且还发现他有出轨的苗头。

一次，丈夫说自己要与同事一起去KTV，直到半夜还未归家，打了无数次电话，都是关机。这可急坏了世兰。在无奈之下，她就打电话给丈夫的一位同事，才知道他们在单位附近的KTV唱歌。

世兰有些不安，决定去找丈夫。走到KTV房间门口，她惊呆了：丈夫在微醉的状态下拉着一位女同事的手在引吭高歌，深情处眼中还含着热泪，仿佛眼前人儿是心头之宝，此情不渝。面对此景，世兰很想冲进去，给他一个响亮的耳光，但她却抑制住了自己的愤怒，让自己恢复平静。因为她清楚地知道，如果她当众让丈夫出丑，不仅不能挽回丈夫的心，而且还会让他们的感情彻底破裂。

随后一星期，世兰都喜笑颜开，并不断地给丈夫制造惊喜。上班前一定要吻别，下班后温柔得像个小鸟似的，主动带丈夫去喝咖啡、看电影。生活丰富起来了，丈夫也变得更体贴、更温柔了。

有一天下班后，两人依偎着听歌的时候，丈夫却突然羞愧地对世兰说起了那天自己在KTV里的不雅行为。世兰听罢，很深情地说："那段时间是我太忽略你了，不能全怪你！"看着如此善解人意的妻子，丈夫紧紧地搂住了她！从那以后，一下班丈夫就往家跑，再也没有出现过半夜还不见人影儿的事情了！

由此可见，人只有在清醒、理智的状态时，才能将问题顺利解决。所以，生活中，我们切勿一遇问题便乱发脾气，将问题打上死结，将自己推入绝境中。

当然了，要有效地制怒，你可以试试理智控制法，即当你要动怒时，最好先让理智行一步，仔细地想想你发怒后，会造成怎样的后果。或者你也可以进行自我暗示，口中默念："别生气，这不值得发火。""发火是愚蠢的，解决不了任何问题。"也可以让自己在即将发火的一刻给自己下命令：不要发火！坚持一分钟！一分钟就坚持住了，好样的，再坚持一分钟！两分钟坚持住了，我开始能控制自己了，不妨再坚持一分钟。三分钟都坚持过去了，为什么不再坚持下去呢？如此这样，你的理智就可以战胜情感了。

7. 气愤时，请别做任何决定

> 人愤怒的那一个瞬间，智商为零，几分钟后会恢复正常。人生的成败关键在于控制自己的情绪，在生气时做决定，是最为愚蠢的行为。也难怪卡耐基说："一个能控制不良情绪的人，比一个能拿下一座城池的人还要强大。"

生活中的很多悲剧都是因为我们的愤怒情绪所造成的：因一句话与人不合，便说一些过激的话，因而毁了一桩生意；因小事生气而断送一段美满的婚姻；因一时之气而伤了和气，葬送了一段珍贵的友谊……人在气头上，难免会被强烈的愤怒冲溃了理智，以至于忽视了最基本的判断与核实的步骤，做出伤害人的事。其实这是人的通病。对此，心理学家指出，人在愤怒的时候，智商是最低的。尤其在愤怒的关头，人们会做出非常愚蠢的决定还自以为是，也会做出非常危险的举动还大义凛然。这个时候所做的决定，90％以上都是极端的错误。生活中，很多不理智的决策往往都是因为我们没有一个良好的情绪状态，所以要保证对自己的人生不后悔，就别在愤怒时做任何决定。

刚毕业的大学生张勇，很想在媒体广告业大展宏图、一施抱负。但因为缺乏工作经验，多数公司都不愿意录用他。几经波折，经亲戚推荐，好不容易到了一家有良好发展前景的广告公司上班。

张勇对该公司的工作环境、人事结构、薪资水平等都很满意，尤其对个人未来的发展充满了信心。因为他是新人，上司为了锻炼他，就让他从最基本的端茶、倒水的工作开始做起。这让张勇很是不满，觉得上司不尊重人才，于是生出许多抱怨来。

一次，因为张勇的疏忽，他在打印文件时将一份重要的文件漏掉了，让客户产生了误解，险些与公司解除了合作协议。上司对此很不满，于是就将张勇叫到办公室说道："小张，这点活儿都做不好，以后重要的工作怎么放心地交给你去做呢！"张勇本来对上司大材小用的行为就有些不满，听到这样的训斥，更是冒火，说道："老子不干了还不行吗？这种低端的工作，你爱让谁干就让谁干吧！"说完，就怒气冲冲地收拾东西离开了公司。

随后，张勇又陷入自己刚毕业时的迷茫状态，在几千份简历石沉大海后，他对自己的行为后悔不已：自己的能力本不差，但却因一时的冲动而断送了美好的前程。

其实，一个人无论年龄多大，当他在气愤时，其思虑都是不成熟的，言语也不懂节制，行为是失态的，仿佛一个年幼的孩子。《圣经》上说："人有见识就不轻易发怒。"当一个人在生气的时候，他的智商、情商、仪态等，都会大大地退化，乃至所讲出的话，所做出的决定，往往都是错误的。

一个人之所以能成功，并不是因为他们在人生道路上有多么一帆风顺，也不是因为他们的能力有多超群，而只是因为他们善于控制自己的心情，能在愤怒时平复自己的情绪，恢复自己的理智，让自己的每一次决定都是正确的。

相反，一个人之所以失败，也不是真的像他们所认为的那样缺少机会，或者是资历浅薄，甚至迷信自己命不好。很多时候，失败的原因就是因为他们不懂得控制自己的情绪，任自己的坏情绪恣意妄为：遇事不顺时，怒火中烧；消沉时，借酒消愁，丧失斗志，让自己错失机会；得意时，忘乎所以，夜郎自大，四面树敌，从而为人生制造一道道的阻碍。

总之，人生关键时刻的成功与失败完全取决于两个字："心情"。心情好，事则成；心情坏，事则败。在这里，你需要牢记理性决定的"护身符"。

（1）凡事先熄火再决定

人在丧失理智的情况下，所做出的决策一般都是违背事物发展的规律的，所以，要先平熄怒火再做决定，或者再开口与人交谈，以提升决策的正确率。

（2）不急于求成

任何事物的发展都要遵循其原有的规律，如果你妄想揠苗助长、一夜开花，那就是为失败埋下地雷，总有一天地雷会爆炸。

（3）不在得意时忘形

人在气愤、生气时容易出错，同时，在得意时也会丧失理智。所以说，在高兴的时候也不要随意做决定，忘形的时候自身的余地就会减少，失败的概率就会增加。

8. 不冲动，恢复理智后再行动

冲动是一个教唆你不断犯错的恶魔，总有一天会让你跌入万劫不复的深渊。所以，遇事先保持冷静，凡事都不可操之过急。那些不凡之人大都会遵循这样的处事原则：胆大而不急躁，迅速而不轻佻，勤奋而不粗浮，身居职守而不刚愎自用，胜而不骄，喜功而不自炫，自重而不自傲，豪爽而不欺人，刚强而不迂腐，活泼而不轻浮，直爽而不幼稚。

几年前，在西部农村地区有一对年轻夫妇，女人因为难产而死，遗留下一个幼子。男人忙于农活，没时间照看孩子。于是，就让家里那只养了5年的大狗帮忙照看孩子。那只狗聪明灵活、极通人性，很会照顾小孩儿，每天都会咬着奶瓶给孩子喂奶。

有一天，男人出门去了，还是让狗去照顾孩子。

他因为遇到大雪，当日不能回家。他第二天才赶回家，狗便立即闻声出来迎接主人。他将房门打开，发现满屋的血，仔细地抬头一望，床上也是血，孩子却不见了，狗就在身边，满口也是血。男人以为是狗的狗性发作，将孩子吃掉了。他立即大怒，随手拿起刀向着狗头一劈，将狗杀死了。

突然，他便听到孩子的声音，又见他从床下面爬了出来，于是就抱起孩子，孩子虽然身上有血，但并未受伤。

男人很奇怪，不知究竟是怎样一回事，再看看狗，它腿上的肉已没有了。旁边有一只死去的狼，口中还咬着狗肉。原来是狗救了小主人。男人为自己因冲动而犯错悔恨不已。

其实，生活中因冲动而酿成悲剧的事情时有发生：因他人触碰自我尊严或利益而导致的打架斗殴乃至杀人甚至自杀事件等，所带给人的悔恨都是终生的。

心理学家指出，人的冲动都带有强烈的情绪色彩，其行为缺乏意识能动调节作用，因而常表现为感到厌烦、草率鲁莽、不计后果、急于求成，或行为具有挑衅性等，既不会对行为的目的做清醒的思考，也不会对实施行为的可能性做实事求是的分析，更不会对行为的消极和不良后果作理性的评估和认识，而是一意孤行、忘乎所以，结果往往是后悔莫及，甚至铸成大错，遗憾终身。所以，要使我们的人生少留遗恨，就切勿冲动做事，遇事先沉住气，等恢复理智后再行动。

有一个行事鲁莽的人，常年在外打工，春节回家前，老板把两句话写在纸条上送给他，让他在犹豫不决的时候打开看。

他途中在一家旅馆住宿，半夜听到一位女子的歌声，他不知该不该去看，于是打开一张纸条，只见上面写道："冲动会害死人！"这人便上床继续睡觉。到天亮后，他从房中出来，经打听才知道昨晚的女子是店主女儿，有神经病，喜欢在夜间用歌声引诱打人。打工者随即感到庆幸。

他回到阔别多年的家，正要进门，突然听闻屋内有男女嬉戏之声，应该是妻子与一年轻的男子在说笑，态度亲密。他怒从中来，正欲杀之。转念一想，又打开纸条只见上面写道："冲动是魔鬼！"于是便忍住怒火进门。妻子一怔，随即拉过年轻男子告之这是你的父亲。原来他离家时，妻子已有身孕，如今儿子已经长那么大了。于是，他喜极而泣，感谢老板的两句话让他平安到家并收获幸福。

可见，凡事先让情绪保持理智，深思熟虑后再行动，是拥抱成功、收获幸福的重要保证。一个人遇事不慌张、不急躁，能深思熟虑再行动，是这个人成熟的标志。这样的人给人稳重的感觉，能让人产生信赖感，而这也是成事的关键。所以，如果你是个冲动的人，那就学会调节自我情绪吧。

（1）调动理智控制自己的冲动，使自己冷静下来

化解冲动的首要方法便是克制。喷发的激情来也匆匆，去也匆匆，只要想办法抑制片刻，就可以避免动拳头的冲动。一般可采取两种方法：一是忍耐。尽管冲动情绪像匹野马，但缰绳还是在自己手中。当别人对你说了不好听的话，甚至羞辱性的话，你可以在心里默念"我不发火""我不在意"等，也可以在心里默背诗词或文章等，这样能使消极情绪变弱。二是谦让。一个处处懂得谦让的人，是不容易被坏情绪控制的。

（2）用暗示、转移注意法

化解冲动要学会及时转移。大量事实证明，冲动情绪一旦爆发，很难对它进行调节控制，所以，必须在它尚未出现之前或刚出现还没升温时，立即采取措施转移注意力，避免它继续发展。比如，可尽力让自己想一些无关的事，做一些其他的活儿，脑子不闲，手脚不停，就能摆脱因发怒带来的思想负担。所谓眼不见、心不烦，说的就是这个意思。

（3）平时可进行一些有针对性的训练，培养自己的耐性

可以结合自己的业余兴趣、爱好，选择几项需要静心、细心和耐心的事情做做，如练字、绘画、制作精细的手工艺品等，不仅陶冶性情，还可丰富业余生活。

9. 无论何时都不要意气用事

> 无论是做人还是做事，必须恪守"定、静、安、虑、慎"，即要有部署，无论在什么时候都要有定性，不可以意气用事。

洛克菲勒因经济纠纷与人对簿公堂，在开庭时，对方的律师看起来是个极富修养的人，洛克菲勒对本次官司并不抱什么信心。

在法庭上，对方的律师拿出一封信问洛克菲勒道："先生，请你告诉我是否收到了我寄给你的信？另外，你为什么没有回信呢？"

"我收到了，但没有回！"洛克菲勒十分果断干脆地回答道。

于是，律师又拿出20多封信，并且以同样的方式一一向他询问，而洛克菲勒却都以相同的表情，一一给予其相同的回答。

律师见洛克菲勒如此镇定，终于按捺不住内心的狂躁，愤怒至极、暴跳如雷，并不断地咒骂，完全失去了一位律师应有的风度！

最后，法庭宣布洛克菲勒先生胜诉！原因很简单，就是对方的律师在法庭上乱了阵脚，失去了判断力，将对方的目的以及打官司的手段等细节全部透露了出来，洛克菲勒抓住其弱点，赢得了官司。

情绪则是一种极为感性的东西，有时让人琢磨不透，但是，无论如

何，我们都要想办法将它捏得紧紧的。因为这关系到你是否能在社会上游刃有余地生存。有许多了不起的大人物，他们都能将自我情绪收放自如，这个时候，情绪已不仅是一种情感上的表达，而且成了攻防中使用的武器。就像大名鼎鼎的洛克菲勒一般，能通过控制自我情绪在法庭上取胜。

当然，要克服意气用事的习惯，就要修炼一颗强大的内心，凡事不急不躁，遇事沉稳、平和，不易被外界的纷扰所伤害和干扰，能时刻坚守自我，在任何情况下都不会因为情绪失控而暴露自己的缺点。

其实，心灵是我们所有行为和意念的根源，你的快乐、悲伤、感动、愤怒和仇恨等以及所有的贪念皆源于内心。心理脆弱，这些负面情绪的意念便会左右你，烦恼和痛苦便会如影随形。而一颗强大的内心，则发出的情绪和意念皆是平静、慈祥、和谐、善良的，让你生活在快乐和幸福中。所以，要让自己获得快乐和幸福，必须修炼一颗强大的内心。

内心强大的人，对未来时时充满希望，在很大的打击面前，也能够迅速地恢复理智，从不将挫败和磨难放在心上，好似从未被什么击倒和折磨过一般，时刻能保持理智和平静。

内心强大的人，即便是在最艰难的日子里，也会一直坚守自己的信念，绝对不动摇。从不自卑，不自傲，不在乎他人过激的评价。同时，他们在做重要的决定时，能理性地梳理、分析和客观地看待与自己有利害关系的事情，绝对不患得患失，能够很好地控制自身的情绪而不为环境和他人所操纵，并且还能够快速地做出判断。

内心强大的人，时常能够保持平静，他们很清楚自己适合做什么，有什么潜力，是什么样的人，能够理智地面对人生的每一次机会和选择。无论在任何环境下，他们都有感受爱、幸福和快乐的能力。他们得意时不忘形，失意时不失志，宠辱不惊，不为名利得失或喜或悲。

10. 将自制养成一种习惯

克服负面情绪，需要养成自制的习惯。美国生理学家艾尔玛曾经做过一个实验，他将一支支玻璃管插在零摄氏度冰和水混合的容器里，借以收集人们不同情绪呼出来的"气水"。结果发现，心平气和时呼出的气，凝成的水澄清透明，无色、无杂质。如果生气，则会出现紫色的沉淀物。将这些"带有紫色沉淀的气水"注射到白鼠身上，几分钟之后，白鼠居然死去了。可见负面情绪对人类的危害性有多大。

一位哲人说："一个人的心态就是他真正的主人，要么是你驾驭生命，要么是生命驾驭你，而你的心态将决定谁是坐骑，谁是骑师。"既然你是自己的主人，那么就要学会做情绪的调节师，即将自制当成一种习惯，不被情绪所左右，从而成就美好的命运，创造辉煌的人生。

维特斯·迈克是一家知名保险公司的经理人，他一生获得的奖牌堆积如山，取得的战绩也极为显赫，这与他自制的习惯有着极大的关系。

其实，维特斯在刚开始做保险时，也曾遭受了千万次的羞辱，但是无论别人如何对他，他总是能保持镇定，不急不躁，以笑脸相迎。正是这种乐观、积极的人生态度，让他赢得了众多客户的青睐。

在一次记者会上，他说："在几年前的一天，我在一家证券所门口，发现一位穿黑大衣的中年人。心想这位先生应该用得着医疗意外保险。于是，就决定在门口等他。

"快到中午的时候，那位黑衣大哥果然缓步下楼，我立刻前去递名片，问道：'你要保险吗？'那个人则顺手拿起名片，将嘴里的槟榔汁吐在上面，随手一撕丢在地上，还附上一句骂人的脏话。我当有些气愤，但没有与对方争执，只是默默地走开。我这样安慰自己道：'将来拿我名片的人肯定会有福气的。'"

维特斯称自己的脾气其实并不好，之所以能承受数以万计的白眼、怒骂与轻视，是因为他认定自己从事的是爱心传递工作。他的父母晚年经常卧病，医疗费几乎拖垮全家，他不能让别人也承受这样的痛苦。秉持工作的理念与执着，每当负面情绪涌上心头，他就不断地告诉自己："放下。"

维特斯事业的成功和生活的快乐，无不与他的自制习惯有着密切的关系。美国的情绪管理专家帕德斯指出，平时锻炼自己控制情绪的能力，养成自制的习惯，十分有助于在情绪发作时拥有良好的反应能力。

当然，要控制好自己的情绪，一定要时常去体察自己的情绪。也就是经常提醒自己注意"我现在的情绪怎么样？"比如，当你因为朋友约会迟到而对他冷言冷语时，就问自己："我为什么要这么做？我现在有什么感觉？"如果你觉察到你已经对朋友三番两次的迟到而感到生气，你可以将自己的情绪好好地加以处理，比如自己一个人对着大山喊叫，让压抑的情绪发泄出来。学着经常体察自己的情绪是情绪管理的第一步。

体察自己的情绪后，也要学着适当去表达自己的情绪。你之所以生气可能是因为他让你担心，在这样的情况下，你可以心平气和地告诉他："你已经过了约定的时间，好担心你会发生什么意外。"把这样的感觉传递给他，让他体会到你的感受，然后慢慢地平复自己的情绪。

11. 遇事先冷静，避免"脾气败"

命运有一半在你手里，另一半在"情绪"手里。在你被情绪控制的时候，别忘了自己还拥有一半的命运；在你得意忘形的时候，别忘了"情绪"手里还有你的一半命运。你一生的努力就是：用自己的一半去获取"情绪"手里的另一半，这就是人一生的命运。

人生失败的原因有很多种，其中较为常见的一种就叫作"脾气败"，即遇事无法控制自我情绪，因为意气用事而导致失败。遇到糟糕的事情，谁都会有火气，但是你在发脾气的时候是否想过：发脾气能解决问题，还是冷静下来想办法挽救更能解决问题呢？

有一次，索尼公司销往东南亚的产品出了问题，总公司不断收到来自东南亚的投诉，给公司造成了近一亿日元的损失。后来经过调查发现，原来是一家分厂的电子零件出了质量问题。该项目的重要负责人羞愧难当地向董事长提出了辞职，以示谢罪。

面对此，索尼董事长盛田昭夫很冷静。他没有像其他普通人那样顿时火冒三丈，严厉指责负责人的过失，并做出开除他的决定，以消除内心的怒火。他清楚地明白，这样做于事无补，因为损失已经成为定局，无法挽回。

盛田昭夫将该负责人叫到办公室，要求他对这一次错误做出陈述。事后，他又当着对方的面把辞职信一撕两半，扔进了垃圾桶，并笑着对他说道："你在开什么玩笑？公司刚刚在你身上花了一亿日元的培训费，你不把钱挣回来就别想离开。"

该负责人闻听此言，大出意外，立即化羞愧为奋发，变压力为动力，在随后的一年时间内，为公司创造了远远超过一亿日元的利润。

盛田昭夫是个极为明智的人，面对下属的失误，他既看到了公司的损失，也看到了他事业方面发展的潜力，于是压住自己的情绪，用思想工作来挖掘这种潜力。如果说盛田昭夫是用理智使事情转败为胜，那么意气用事的"脾气败"便会使人一败再败。如何避免"脾气败"呢？这是一门极深的学问。

一个人在心澜难平，或者怒涛汹涌时，是极难做出理性的判断、极难采取明智的行动的。这就造成了"脾气败"。富兰克林也说："事情常常从愤怒开始，以羞辱结束。"人之心理就像一面湖水，浪花起伏的湖面无法映出任何面貌，但是静止的水，却犹如一面镜子，不但能映出周围的高山、树林，甚至连天空中飘动的浮云也能看得一清二楚。如何保持心静如水是一种极高的修养，这种修养会使一个人时刻避免"脾气败"，从而踏平坎坷，消除灾祸，转败为胜，走向辉煌。

当然，提升个人修养是一件长时间的事，在个人心理修养还不够的时候，就要学会管理自己的坏情绪，以避免"脾气败"。要管理好自我情绪，应从以下几点出发。

(1) 在生气前，先搞清楚我为什么会有这种情绪

在生气前，问自己："我为什么生气，为什么发脾气？为什么情绪不好？"弄清楚发脾气的原因后，再冷静地想自己的坏情绪是否能解决问题，再对症下药，从而彻底根治自己的坏脾气。

(2) 面对这些坏情绪自己该怎么办

遇事坏情绪上来了，先想想做什么事情能让自己平静下来，或许是运动、独处、听音乐、到郊外走走、倾诉……无论什么方式，只要能够改善自己的坏心情，让自己恢复冷静，都是很好的办法，就该努力去尝试。

第四章

凡事不较真儿，
做高明的"糊涂人"

　　人发脾气，很多时候都是因为凡事太较真儿：对生活琐碎太过关注，对周围人的行为太过在乎，对他人的批评太过放在心上……因为太过清醒，所以最容易滋生烦恼和痛苦。较真儿的人活得太过认真，太过清醒，所以凡事都看得太过真切，一较真儿，生活中便烦恼丛生。那些活得幸福的人，大多都是糊涂的，这样的人活得简单粗糙，凡事都计较得少，所以能真切地感受到人生的真滋味。

1. 人生难得是"糊涂"

人傻与不傻，就看你是否会装傻。做人太清醒容易受伤，凡事太较真儿容易痛苦，过于精明计较使人烦扰，难得糊涂可以减少烦恼。人生在世，无非就是被别人笑笑，同时偶尔又去笑笑别人罢了，何必与人斤斤计较呢？

清朝名士郑板桥有一句话："聪明难，糊涂亦难，由聪明而转入糊涂更难。放一着，退一步，当下心安，非图后来福报也。"意思是说，那些绝顶聪明的人，不会去故意装糊涂，而是将自己聪明的锋芒收敛起来，而让自己糊涂起来，这是非常难以做到的。

春秋时期卫国有位有名的大夫叫宁武子，他一生辅佐了卫文公和卫成公两代君王。

在卫文公时，国家政治极为清明，社会安定。这时候，宁武子表现出了超人的智慧与能力，几乎已经成为当时卫国的"第一聪明之人"。然后，到卫成公的时候，国家政治黑暗，社会混乱。宁武子作为当朝大夫，则表现得异常愚蠢鲁钝，好似自己什么都不知道，看上去像个"白痴"一样。不过，这个前朝聪明、后朝糊涂的人，安然地过完了自己的一生。

其实，他后面的糊涂都是装出来的，不是真正的糊涂。

宁武子在前朝所表现出来的那种聪明才智，是有人能够做得到的。然而当他处于乱世之中，将自己的聪明收敛起来，那就很难有人做到了。

的确，我们多数人都是聪明的，然而，正是这种聪明让我们工于心计，斤斤计较，使我们的心灵沾染上了过多的烦恼和痛苦。我们要想收敛起自己的聪明锋芒，做到糊涂处世、宽容忍让、笨笨无能的样子，就很难了。

其实，聪明和糊涂本身并没有优劣之分。太聪明、太精明的人，学一下"糊涂"，对自己是大有裨益的。古人如是说："心底无私天地宽。"你心灵深处的"天地"变宽了，就不会对一些琐事过于认真，过于计较，苦恼也不会来了，心中也不会无端生出许多怨恨和痛苦了。聪明是天赋的智慧，而糊涂在很多时候也是一种聪明的表现。

在小的时候，一个人对社会和人生充满了美好的憧憬。当一天天长大，经历越来越多的时候，猛然发现，社会和人生并不如当初自己想象的那么美好。于是，便学会了浊眼看世界。许多事情，该糊涂时就别让自己太过于清醒，不糊涂也要让自己装糊涂。因为，太清醒了，就很难再保持一颗如水的静心。在这个时候，便能够体会到"人生难得一糊涂"，原来，"糊涂"也是人生的一种佳境！

当一个人经历了人生的许多风风雨雨之后，对于各种得失、利益，恩怨、是非，就不必再过多去计较。理智地去处事，学会适应各种环境，应付各种逆境。以其理智的"糊涂"化险为夷，以这种聪明的"糊涂"平息可能会发生的种种矛盾。

明白了这些，就不会经常发出"举世皆浊，唯我独清，举世皆醉，唯我独醒"的感叹；才能在融洽、平等、祥和的气氛中处理一切问题；才能给自己制造一个快乐、自由的心灵空间，才能让我们更好地去吸取别人身上的种种智慧和力量，才能让自己的人生更加圆满、更加顺利。

所以，从现在开始，让我们学会"糊涂"一点儿：

对朋友"糊涂"一些，无论谁付出多少，只要大家开心就好；

对爱人"糊涂"一些，给他（她）自由，也给自己的心灵留些空间；

对事情"糊涂"一些，得失常在，开心难求，学会放下，心中才能更坦然；

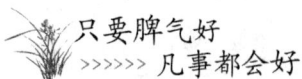

对生活"糊涂"一些，人生看得几清明，快乐一会儿是一会儿；

对未来"糊涂"一些，漫漫人生路，随时都是新的起点。

2."争"的最高境界是"不争"

很多时候，"不争"之人要比会争之人有福气得多。最高明的"争"便是"不争"，正如智者所说："人生中不争就是大福，不抢就是自在，不辩就是智慧，不贪就是福祉，释怀就是解脱，知足就是放下，利人就是利己。"

生活中，为与朋友争一个道理，而伤了和气；市场上，为争一点儿小利而与商贩发生争吵；家庭中，为与爱人争一口之气，而伤了感情……当然，良性的竞争在很多时候可以激发人的潜能，让人变得越来越优秀，但生活中，为"争"而伤了人与人之间的和气，造成精神紧张，让自己失去快乐，引发人的坏脾气，那就是一件坏事了。对此，心理学家说，"不争"才是最高明的"争"，最有效的"争"不具伤害性，既不伤害他人，也不伤害自己。

世界上那些最强大的人，不是争名夺利者，而是那些不争而有为的人。这些人不喜欢"争"也不会因为外物而蒙蔽自己的心智，但是他们的真才实学，却最终会将他们推向"出类拔萃"的巅峰。一代"书圣"王羲之不仅是书法大家，也是"为争而不争"的极品人物。

王羲之出身贵族，东晋著名丞相王导就是他的父亲，深处权力的核心，王家可谓显赫鼎盛。然而，王羲之并没有浸染上狂妄轻浮的恶习，而是一心钻研书法，苦心读书。

　　大将军郗鉴家有美貌千金，为了与丞相联姻，郗将军特意派门客给丞相王导送去一封信，希望王丞相在他的儿子中给自己找位女婿。

　　同丞相一样，大将军也是家世显赫，成为他的女婿，不但意味着荣华富贵，同时还意味着前途无量。王丞相的儿子们自然也明白这桩婚姻的重要性，他们都非常希望自己能够成为大将军的女婿。

　　王丞相也认同这样的婚姻，但是他没有偏向任何儿子，他给了每个人相等的机会。于是他对门客说："你到东厢房（儿子们的居住地）任意挑选吧。"

　　门客依言到东厢房，看了情况后，他回去禀告郗鉴说："王家的几个儿子都不错，听说您要选女婿，一个个都一本正经地让我看，都想给人留下一个好印象。只有一个儿子不同，他敞开衣襟露着肚皮，很随便地躺在床上，根本不关心选婿的事。"郗鉴听了很高兴，说："我就喜欢这样的人！"

　　这便是著名的"东床袒腹"的故事，那位主人公就是王羲之。"为争而不争"成就了他的美满婚姻。

　　每个人内心深处都有追求个体生命的卓越和追求自我价值而带来的崇高感。

　　关于"争"与"不争"的辩证，老子说："上善若水，水利万物而不争。"即为水总是流向低处的，善利万物而不为自己利益争先恐后，情愿谦虚就下，滋润万物无声无息，不与万物相争，天地间往复循环，生生不息。水可以包容一切，只要有缝隙，便会用柔弱的身体默默地去填充，去温暖、去接纳。就像慈母那般温润着万物，滋养着万物，蓦然回首间，水已将万物万事包容在胸中，而万事万物都无法离开水的滋润。水是柔弱的，然而巨斧却无法将之劈断；水是谦卑的，遇石绕石，遇山绕山，然而就在日复一日、年复一年的环绕下，石穿山平；水是温柔的，然而水也会泛滥，排山倒海，淹没农田城市。水，以其柔弱为用，以柔克刚，以退为进，以其不争而胜，这便是水的不争之争。要做一个智慧之人，就应该如水般，以"不争"之大胸怀而达到"大争"之目的，它是一种高明的处事策略和为人方法。

3. 面对不平气，要保持心平气和

一位工人向朋友抱怨："工作是我们做的，受到表扬的却是组长，最后的成果又都变成经理的了，不公平。"朋友微笑说："看看你的手表，是不是先看时针，再看分针，可是运转最多的秒针你却看都不看一眼。"——生活中，感到不公平就要努力向上，抱怨是没有用的。

哲人说，要想获得快乐，就必须保持一颗平常心。在波澜不惊的日常生活中，很多人能够做到这一点。但是当面对各种利益纷争的时候，你还能够保持心平气和吗？自己如果遇到被冤枉等不平事时，你还能够保持波澜不惊吗？

生活中，每个人都不可避免地会遇到许多不平之事：成绩不如自己的人，却上了一所好大学；能力不及自己的人，却得到了重用、升迁；自己辛苦做出的业绩，却被人抢了功劳；曾经不屑一顾的同事，却一朝成了自己的上司……诸如此类的事情层出不穷。多数人遇此类事情，都会愤怒、抱怨，甚至与人大打出手，既毁了自己的形象，甚至还有可能丧失更多的机会。

其实，世界上没有绝对的"公平"，遇到不平事，我们一定要心平气和去面对。

唐代著名的慧缘法师，曾独自一个人在寺院后的山岩洞中修持了 10 年，后来又回到了承天寺，每夜都会在寺里通宵打坐。

有一天，大殿上功德箱里面的钱突然丢失了，法师无疑成为众人怀疑的对象。因为在他回寺之前从未发生过此类的事情，而且大家都知道他每夜都会在大殿内打坐，如果是别的盗贼前来行窃，他应该知晓才是。但是，当寺院住持当众说这事的时候，慧缘法师并没有任何反应，所有人都认为偷功德款的人一定就是慧缘了。所以，全寺中的僧人、居士无不对慧缘法师另眼相看，都向他投来鄙视的目光。

但是，慧缘法师处在这种人人怒目相视的环境中，仍然能够心平气和、若无其事。他既没有站出来喊冤叫屈，向众人申明一切，也并没有流露出半点儿受委屈的情绪，还是与平常没有两样儿。每天按时去吃饭，每晚照样儿去大殿打坐。

终于，7 天后，寺中的住持揭开了谜底：原来功德款根本没有丢失，这是住持在考验慧缘法师，想知道他在山洞中住的 10 年修炼出了什么样的境界。法师竟能在遭遇冤枉的情况下，依然不改常态，以一颗平常心去生活，为此，全寺上下无不由衷地对他产生了崇敬之情。

生活中的事情不是样样都能尽如人意的，我们就应该像慧缘大师那样，心平气和、荣辱不惊，既要看得破，又要忍得过。与其在追求是否公平上耗费大量的精力，不如踏踏实实地把自己的事情做好，这不是任人摆布，更不是逆来顺受，而是一种理智的生活方式。就如你无缘无故被一只疯狗咬了一口，难道你非要返回来对疯狗咬一口心里才舒服吗？

一位心理学老师给她的学生上了这样一堂心理课：《蛋糕分配不公的启示》。

心理老师在上课之前拿了一块儿大大的蛋糕，切成了五零四散的小块儿后，给班上的每一位同学都分了一块儿。有的同学拿到了蛋糕，而有的同学没有拿到；有的同学拿到了一块儿大的，而有的同学只拿到了极小的一块儿；有的同学拿到了带有奶油的，而有的同学拿到的是没有奶油的……在这样的情况下，有的同学向老师提意见了："老师，您的蛋糕分得太不公平了。"老师却没有及时地回答学生提出的问题，而是让全班的同学都来思考这个问题。

10分钟后，老师让同学回答。有的学生说："老师分得是对的，那些平时表现好的同学就应该得到大的蛋糕。"有的说："有的同学个子小，就应该得到大块儿的，以多补充营养。"听完学生们的回答，老师又问："我们该如何面对这些不公正的待遇呢？"这次学生们的回答更踊跃了。有的说："我们应该有一颗冷静的心，先对事物进行分析，再去下结论。"有的学生说："每个人都应该有一颗宽容的心，要多站在别人的角度想问题，才能获得快乐。"有的学生说："我们应该理性地、积极地去看待问题，要看到自己的不足。"还有的学生说："我们应该以一颗平和的心去看待问题，不能因为这些不平事就着急气愤，这是在自寻烦恼。"

从健康的角度来讲，如果人在不平事面前不能保持心理平衡，也就是对人对事不能做到心平气和，对健康也是影响极大的。《黄帝内经》中说："怒则气上，喜则气缓，悲则气结，惊则气乱，劳则气耗。"所以，百病都是生于气。现代医学也发现，人类的70%～90%疾病与心理有着极大的关系。如果人的心态不好，爱着急，爱生气，就容易破坏人体的免疫系统，易患高血压、冠心病、动脉硬化等病症，这样也就意味着人会死得更快。所以，心理平衡的人往往身体健康，谁能在不平事面前时刻保持一颗平常心，就等于掌握了健康的金钥匙。

总之，当我们遇到不平之事时，一味地愤怒、生气、怨天尤人是于事无补的，自暴自弃也无异于一种慢性自杀。唯一可取的做法就是，调整好自己的心态，并用极为乐观、积极的心态来生活、工作。既然我们没有能力来改变这些不平事，那就要尽力地调整好自己的心态，对任何事都保持一颗平常心，问题就会迎刃而解，种种矛盾与心结也就自然能打开了。

4. 对自己的缺陷，不必耿耿于怀

乐观的人只顾着笑，而忘了怨；悲观的人只顾着怨，而忘了笑。事实上，人的每一个缺陷后面都隐藏着优点，缺陷也是生活的一部分，只有接纳它，才能让生命更为完整！

有一个人，头顶上有铜钱大小的一块儿头皮，始终不长头发。为此，他非常苦恼。于是，但凡听有人说"秃顶"或"不长头发"的事，他就会耿耿于怀，甚至还会大发脾气。每天，他走在大街上，什么也看不见，只注意别人的脑袋。人群之中，倘若能看到某个人的头顶上，也有铜钱块儿大小的地方遮掩不住，闪着寒光，他便会感到兴奋和快乐。

大街上有很多人，来来往往的，他一个也不看。有朋友告诫他说："你人生失败的地方，是贫穷，而不是脑袋上的那点儿瑕疵。可是在你的眼里，为什么只关心脑袋上的事情呢？"

他说："这个世界，穷人那么多，不少我一个。比起贫穷，我更在乎别人的头，看到他们秃顶，我心里就能得到一种平衡，因为那说明，世界上倒霉的，不止我一个。"

这虽然是一则笑话，但却反映出很多人的一种心态：总会对自己身上的某一种缺陷耿耿于怀，让自己背上沉重的精神负担。

生活中，你是否经常为自己比别人矮小而自卑？是否为自己缺乏健美的身材而气愤不已？是否因为自己的容貌不佳而自怨自怜？是否因为自己的文化程度有限而沮丧不已？……其实，对于此，你大可不必耿耿于怀，因为这些缺陷是我们无法左右的，与其消极悲伤，让自己在狭小的世界里沉沦，不如积极接纳，乐观面对，扭转别人对自己的看法。

罗慕洛曾经是菲律宾外长，他的个子不高，穿上鞋也只有163厘米。为此，他非常苦恼，甚至还穿高跟鞋掩饰。不过，这些方法不仅没有使他高兴，反而精神压力越来越大。

然而，令所有人没想到的是，罗慕洛的成就，很多都与他的身高有关。有一年，罗慕洛代表菲律宾参加联合国大会，应邀发表演说。当时，那个讲台和他几乎一样高。然而，这个小个子却说出了令人震惊的话："我们就把这个会场当作最后的战场吧。"顿时，全场寂然，接着爆发出一阵掌声。最后，他以"维护尊严、言辞和思想比枪炮更有力量……唯一牢不可破的防线是互助互谅的防线"结束演讲时，全场响起了暴风雨般的掌声。

为什么会获得所有人的掌声，罗慕洛认为，这和自己的个子有着直接的关系。因为，如果大个子说这番话，听众可能客客气气地鼓一下掌，但菲律宾那时离独立还有一年，自己的个子又不高，他的话语会起到截然不同的效果。

正是因为罗慕洛的出色发挥，从这天起，菲律宾在联合国中就被各国确认。而罗慕洛也一扫小个子的阴霾，变得越来越积极，再也不会因为个子问题而烦恼。后来，因为他的出色能力，他还被西方国家一致冠以"政治巨人"的称号。

其实，你根本不必为自己的一些缺陷而闷闷不乐，因为那并不代表你没有成功的机会。只要勇于承认自己的缺点，积极努力超越缺点，甚至可以把它转化为发展自己的机会。

心理学家指出：一个人先天的缺陷，往往能够造成其后天某一个方面的成就，因此，这样的缺陷，就称为"高贵的缺陷"。

有一对盲人夫妇，他们都是在两三岁的时候，因为患天花而致盲的。他们虽然有眼睛，却看不到这个美丽的世界，这是多么令人遗憾的事情啊！但是，他们却没有因此而郁郁寡欢，消极地面对人生。他们从小就喜欢唱歌，10岁左右的时候，他们就开始学习乐器，参加了一个工厂的宣传演出队。他们用歌声讴歌美好的生活，歌颂身边的好人好事，还经常在电台中向人们展示他们美妙的歌声。后来，两人结婚了，他们一边弹奏乐器，一边演唱，并积极参加各种比赛，还得过各种奖。他们将生理上的缺憾变成了前进的动力，他们的生命也散发出熠熠的光辉……

其实，面对缺憾，即使我们暴躁地摔东西，那也于事无补，缺陷并不能自动消失。你的生活却并不会因为这些遗憾的存在而消失，只要你愿意，你随时可以发现，它们就在身边。我们能做的，就是坦然接受。别人怎么看自己不重要，重要的是自己敢于接受曾经的痛苦，这样你才能重新找到快乐，甚至扭转别人对你的看法。

5. 扔掉沉重的"面具"，不和别人争面子

　　人生苦短，千万不要活得太累。要活得舒心，活得快乐。生活毕竟不是演戏，无需用太多的脂粉去涂抹自己，无需戴上"面具"去"逢场作戏"！想笑就笑，想唱就唱，挣多挣少都心地坦然，活得朴素自然，活得坦坦荡荡，你就能获得舒心、快乐和潇洒。

有时候，我们的怒气都是"死要面子"的结果：与朋友为一句话而争论不休，其实就是为了让众人承认自己是正确的；因为一点儿小事与爱人争吵，就是为了让对方臣服于自己；明明过得不幸福，却爱在众人面前秀恩爱，最终劳心劳力；明明囊中羞涩，还要装出一个富有者的样子，当对

方开口向你借钱时，只能想尽各种办法推脱，最终伤了和气……可以说，面子是一副沉重的"面具"，只要戴上它，就容易与人发生冲突，伤了和气。

孙皓在一家公司已经做了 3 年的普通职员，而他的一个朋友赵磊则成立了一家公司。为了庆祝一番，赵磊在酒店邀请了过去的一班朋友欢聚一堂。朋友们玩儿得很高兴，都祝福赵磊生意节节攀高。这个时候，孙皓突然说："赵磊放心，你的业务我给你包了。"

其实孙皓明白，自己根本没有那么大能耐，可是为了面子，他还是毫不犹豫地说了出来。结果，这句话所有人都记住了，朋友们都说孙皓够义气。一瞬间，孙皓感觉自己很伟大，于是夸下了更多的海口，引得朋友们无不羡慕。

孙皓的话，让赵磊牢牢记在了心里。几天后，他去找孙皓做业务，而孙皓只不过是说说而已，并没有想到朋友会真的找他帮忙。这下孙皓慌了，因为他自己根本就没有什么把握。

可是孙皓意识到，如果这个时候拒绝，那么自己无疑丢了大面子。于是，他不得不帮赵磊忙活起来。一个星期过去了，孙皓一个合适的业务也没有给赵磊做成，但是赵磊也并没有不高兴，只是说："看你说得那么胸有成竹，相信你能行的。现在看来，我还是找别人吧，你不要为难了。"

可是，为了保全面子，孙皓还是决定要给朋友看看自己的"能力"。不过，几次三番的失误，不仅让赵磊受到了连累，自己也花了不少冤枉钱。从这之后，朋友们开始感觉孙皓并不像他自己说的那样，于是对他产生了一丝反感。而孙皓自己自然也高兴不到哪里去，人缘差了，脾气也越来越暴躁。

正所谓"死要面子，活受罪"。孙皓正是因为"死要面子"，最终不仅让自己失了面子，而且还耗费了不必要的精力，真是自己找"罪"受。其实，与人交往，不应该互相攀比，表里不一，只说不做，为了面子而说出不诚实的话，做出不靠谱的事，否则只会伤和气，让自己背上沉重的精神压力。

有人考证，潇洒、明朗、自由、洒脱是从"不要面子"得来的，如果你"要面子"就得"活受罪"：明明没有钱，但为了显示出自己活得比他人好，有能耐，就逢人摆阔气，装"款爷"、"富婆"，今天请吃请喝，明天吆五喝六进舞厅，面子倒是要尽了，欠下一身债务后，暗地里只能吃咸萝卜；明明能力不足，但就因为撕不破这一张面皮，强装君子风度，答应帮朋友做一些力所不及的事情，最终让自己跳进痛苦的深渊……

静下心来想想，又何必呢？人与人之间应当是平等的，彼此间也只有坦诚相见，才能让友情成为一种支撑，成为一种快乐的享受。要面子其实并没有错，但是不要让面子成为自己的一种负累。认真做自己应该做的事情，不做勉强的事，因为勉强本身不仅委屈了自己，也委屈了别人，最有面子的人生就是真实状态下有所收获的人生。

有位世界级的小提琴家在指导别人演奏的过程中，很少说话。每当他的学生拉完一首曲子之后，他都不多说话，只是亲自将这首曲子再演奏一遍，让学生仔细地聆听，并从中学习一些拉琴技巧。

他在接收新学生时，都会先让学生表演一首曲子，以摸清学生的底子，再分等级进行教育。

这一天，他收到了一位新学生，琴声一起，在座的每个人都听得目瞪口呆，因为这位学生表演得相当好，出神入化的琴音有若天籁，比小提琴家自己拉得还要好。

学生表演完后，所有的人都认为小提琴家为了顾全自己的面子，一定会对这个学生再给予不好的评价，以显示自己的尊严。出乎意料的是，小提琴家照例拿着琴上前，这一次他却把琴放在肩上，久久没有动。最终，他又将琴从肩上拿了下来，并深深地吸了一口气，满脸笑容地走下台去。这个举动令在场所有的人都感到诧异，没有人知道接下来会发生什么事情。

小提琴家缓缓地向大家解释道："这个孩子的演奏实在太完美了，我恐怕没有资格去指导他！起码在这首曲子上，我的表演对他可能只会是一种误导。"

这时候，大家都明白了这位小提琴家的胸襟，台下顿时响起一阵热烈的掌声，送给这位演奏得好的学生，更送给这位小提琴家。

小提琴家不顾及自己的面子，勇于接受学生更优于他的事实，最终赢得了人们的热烈掌声，在他身上也体现出一种令人赞叹的大师风采。他不受盛名所累，也不被人们的目光所限制，更充分地体现出一种极为可贵的真实和谦逊，最终为自己赢得了最大的面子。

我们每个人都渴望得到别人的认可，但是我们不能仅仅为此而给自己套上面子的枷锁，让自己负重前行，并承受内心的煎熬。放下面子是一种智慧选择。放下的是面子，舍弃的是心灵重负，得到的是更为真实、更为自由、更为快乐的人生。

6. 学会放手，别让爱成为一种沉重的负担

其实，爱情就像手中的沙子，攥得越紧，流得越快。拼命对一个人好，生怕做错一点儿让对方不喜欢，这不是爱，而是取悦。分手后觉得更爱对方，没他就活不下去，这不是爱情，而是不甘心。对于"负累"的爱情，放开别人就等于放松自己。要走的终究要走，强扭的瓜不甜，勉强无幸福。

有一个男孩儿和女孩儿在一起 6 年了，女孩一直以为他们可以相爱到天长地久，海枯石烂。可是，就在她为他们的感情憧憬幸福时，男孩儿却向女孩儿提出了分手。一时间，女孩儿觉得她的天塌了，她崩溃了。她跑到男孩儿的单位质问男孩儿为什么，男孩儿只是简单地说不爱了，说他们彼此在一起太累了。

女孩儿很伤心，每天都以泪洗面，她还是不愿相信两个人的感情就这样没了。于是，她经常给男孩儿打电话，诉说她对他的思念之情，男孩儿很烦，但是女孩儿依然不放弃。

后来，男孩儿很快就开始了一段新的感情，并没有把女孩儿的悲伤放在心上，女孩儿到男孩儿的单位中大吵大骂，最终男孩儿因为忍受不了女孩儿的过分纠缠，一气之下将女孩儿从 11 层楼上推了下去。

生活中，诸如此类的事情层出不穷。爱情本来是一种极美好的体验，但是若过多地纠缠，便会变成一种负累，劳心劳力。故事中的女孩儿就是因为不懂得放手，最终使爱变成了一种伤害，酿成了人生的悲剧，可谓得

不偿失，也是十分遗憾的。所以，当彼此之间的爱成为一种束缚时，一定要学会放手，给彼此充分的自由，这样才能在对方面前保持起码的尊严，才能让曾经的过往变成一场永恒的美丽。

有这样一句富有哲理的话：如果你不爱一个人，请放手，好让别人有机会爱他（她）。如果你爱的人放弃了你，请放开自己，好让自己有机会爱别人。这话从侧面教会了人们如何对待感情。

并不是每一段感情都会有收获，当你爱一个人得不到回报的时候，当你付出千般努力无法得到一个许诺的时候，当你因爱受伤的时候，千万不要再与这段感情较劲儿了，要学会放手，给彼此自由，否则，带给彼此的只是无尽的痛苦和愤怒。

从前，有一个书生为了赶考，不得不与未婚妻暂时分开。临走前，他与未婚妻约好，等他回来之后，两人于某年某月某日成亲。

大半年以后，书生回来了，而未婚妻却嫁给了他人。书生很受打击，心里难过极了，从此一病不起。

一天，书生家门前路过一个僧人，说自己可以看好他的病。僧人没有给书生把脉，开药方，而是从怀中拿出一面镜子给他看。只见镜中一片茫茫大海，一名遇害的女子一丝不挂地躺在海滩上，许多人从旁边走过，但都只是看一眼，摇摇头，就走开了。

又路过一个人，他将自己的衣服脱下来，给女子盖上后就走开了。一会儿，又经过一个人，走过去，挖了一个坑，并小心翼翼地将女子掩埋了。

书生十分不解，那僧人解释道："那海滩上的女子，就是你未婚妻的前世。而你曾经给过她一件衣服。她今生有缘与你相恋，只为还你一个人情。但是，她最终要一生一世报答的人是前世将她掩埋的那个人，那个人就是她现在的丈夫。"书生随即大悟。

看了这个故事也许你会有所顿悟。是的，有些东西是注定不属于自己的，何必苦苦与命运抗争呢？与其身心疲惫，不如及时放下。

关于爱情，张小娴说："我爱你，为了你的幸福我可以放弃一切，包括你。"这是爱的极致。"放弃一切，包括你"，这是何等的洒脱，何等的令人敬佩。如果你爱的人不爱你，你应该放手，与一个不爱你的人长期纠缠下去，往往会两败俱伤。

放手后的天空虽然是灰色的、缺乏生机的，但是，要知道这个世界上没有永远的激情，没有一成不变的事物。人生好似花开花落，周而复始，没有永远不凋谢的花朵，没有永恒不变的感情！真爱一个人，不一定要拥有；真正的爱情，也不一定就要天长地久！如果你爱一只鸟，就给它飞翔的自由，给它享受蓝天的自由，给它品味风雨的自由；如果你爱一个人，就给他（她）爱的自由，给他（她）选择的自由和拒绝的自由。这是爱情的最高境界。

7. 不强求，不计较，万事随缘

快乐的三项法则是：永不期待，永不假设，永不强求。有些人，有些事，是可遇而不可求的，我们是强求不来的，既然这样，不如放宽心态。风起时，笑看落花；风停时，淡看天际。懂得放下，生命才会更加完美。不以得为喜，不以失为忧，顺其自然，若是注定发生，必会如你所愿。

人之所以痛苦、烦恼、愤怒，多数情况下，都在于追求错误的东西。"错误的东西"主要是指不属于自己的东西。对某人、某事、某物，若过于强求、过于在乎、过于计较，自然会烦恼丛生。所以，要改掉自己的坏情绪，就要做到不强求，不计较，顺其自然，随缘而定。缘来不狂喜，缘去不悲泣，这样的人生才是惬意的人生。

高高的山上有一座寺院，一位和尚经常到山下的河边去挑水。

有一次，他的桶坏了，滴滴答答，一路都在往下漏水。过路的人看到此景，就提醒他说："你这么辛苦地挑一担水，但水桶却是漏的，等你走到山上的寺院时，恐怕水就差不多漏完了吧！为何不换个新桶呢？这样多么浪费力气啊！"

而这位和尚坦然一笑，说道："没有浪费力气，你可以回头看一看，这桶中所漏掉的水不是都浇了这一路的花草吗？你瞧，它们长得多好啊！"

一切随缘，这是一个想获得快乐和幸福的人应该有的心态。学会以坦然、乐观的心态去看待世事的发展，才能够赢得内心的平静，赢得令他人羡慕的"快乐人生"。

很多时候，缘分与快乐、幸福一样，是个极为抽象、令人捉摸不定的概念。缘来了，谁也挡不住，你只能坦然接受；缘散了，谁也不能强留，只能让美好和遗憾在时光的河流中慢慢飘散。我们在顺其自然中寻找到一份难得的淡然和恬静……

缘分其实是个奇妙的东西，根本无法解释，因为无法解释，所以充满了无限的玄机，给人以无限的遐想。很多事情，好似上天安排好了似的，在坎坷人生的驿站该遇到哪些人，该遇到哪些事，仿佛在冥冥之中已经有了定数。正所谓万事随缘而来，随缘而去，不必苛求和挽留，人生在世，万事随缘皆好。

其实，聪明睿智的人对事对物都会持随缘的态度。随缘可以使我们保持一颗恬静的心，使我们能够理智地看待生活和工作中的得与失，在任何时候都能够保持冷静和从容。

丽莎是一个长得很标致的女孩子，单位里的许多男同事都喜欢她，而她一直暗恋同事晓雷。

虽然丽莎暗恋晓雷许久，但是晓雷对丽莎毫无感觉，丽莎自己也感受得到。

丽莎将心事告诉了最好的朋友，朋友劝她说，既然爱他，就不要错过了，应该借机向他表白才是！

有一天下班后，丽莎终于鼓足勇气主动在公司门口等晓雷，见到晓雷后，便主动向他说明，自己其实已经喜欢他好久了。

面对此事，晓雷吃了一惊，但是最终还是十分遗憾地说，自己已经有了女友，而且两人过得很甜蜜，正准备结婚呢！

听到此话，丽莎心里有些失落，但是，她依然微笑着祝福了晓雷。

事后，朋友问她心里是否很难过，丽莎则笑着说："我已经将我的爱表达出来了，心里已经没有遗憾了。感情的事情要看缘分，没有如我所愿，只说明我们没有缘分而已，没有什么可伤心的呀！"

丽莎这种对待爱情坦然、淡定的态度，让我们敬佩。面对爱，她敢于勇敢地表达出来，纵然没能如自己所愿，也没有表现出伤心和难过，这是一种睿智的生活态度。

一切随缘，是一种胸怀，也是一份成熟。有缘无分，或者有分无缘，都只不过是生命中一段不圆满的缺憾而已，它不应该成为我们漫漫人生征途中的困惑和羁绊。对于不成熟者，缘来的时候不懂得如何好好把握，缘散的时候才不断地抱怨和后悔，徒留一份痛苦和遗憾；对于成熟者而言，他们从不会把缘分当作生命的一种负担，他们不在乎缘分的得失，怀揣着一份轻松和坦然，在拥有的时候无限珍惜，失去后也会淡然一笑，该珍惜的时候已经珍惜了，该放手的时候就该放手，看淡了，也就不必耿耿于怀。

作为一个平常人，我们没有翻云覆雨的能力去左右别人的意志和心意，但是我们可以把握自己的内心，用随缘调节自己的内心，在随缘中，让人生获得精神上的自由和坦然。随缘的人，内心有一种坚韧的自信，面对风云变幻的岁月，都能够进退自如、游刃有余。万事随缘，你的生命将会获得一份恒定的平静和恬淡；万事随缘，你会保持坦然愉快的心情。

8. 不苛责自己，宽容自己的失误

人成熟了，就很容易释怀一些事，原谅一些人，不计较，不动怒。反过来讲，适度的天真、冲动，说蠢话，办错事，恰恰是你还年轻的有力证明。所以，在任何时候，我们都不要为难自己，为自己偶尔的失误而懊悔不已。成长是一件顺其自然的事，有时候原谅自己比原谅他人更为重要。

生活中，我们很容易去宽容别人，但是自己犯了错误或者出现失误，就会自责："为什么那么笨？当时只要细心一点儿就好了。""我真该死，这样的错怎会在自己身上发生？"要知道，犯错是每个人的必然，也是每个人的权利，除了上帝外，谁能无过？所以，犯了错，不代表自己就该承受自责的折磨或痛苦。否则，我们只能在失落的情绪中越陷越深，将生活搅得一团糟。其实，面对错误，你再自责、再懊悔，却并不能改变什么，我们唯一能做的就是反思自己，以确保未来不会发生那样的憾事，从而快乐地前行。

露西是某机关单位的办事员，她很喜欢自己的工作，入职后就决定在岗位上大干一番。所以，工作十分努力。

在与领导的一次谈话中，她得知自己其实是深受领导器重的。从那以后，她感觉自己的责任更大了。为此，她一方面认认真真、兢兢业业；另一方面，小心谨慎，生怕自己出错辜负了领导的器重。

可是，她负责的是琐碎的细致工作，难免会出现疏忽。一次，她在填表格的时候，把一个重要的数据填写错了，给单位造成了不好的影响。这

110

让露西很懊悔和自责，半个多月都郁郁寡欢的，心里也异常烦躁，经常会莫名地冲家里的人发火。

从此之后，她更加小心谨慎了，每次向领导汇报工作时都会战战兢兢，觉得心都要跳到嗓子眼儿了。若是领导稍微看她一眼，她就担心自己是否在哪里出错了。开始，她也只是见领导时紧张，后来就是见到同事，也会觉得特别紧张。别人说一点儿什么，或者皱一下眉头，她也会紧张得不得了，甚至两条腿会禁不住地打战，心里总想着自己在哪些方面是否表现得不够好。她长期处于极度的焦虑之中，经常夜里失眠，而且头发脱落得很厉害，情绪也十分消极，对工作也丧失了激情。

对自己的失误过分懊悔、自责，等于给自己套上了沉重的精神枷锁，是引发坏脾气的重要原因。所以，要让自己活得不那么累，就要学会体谅自己，宽容自己的失误。

刘源和徐泉是要好的朋友，更是工作上的好伙伴。一天，两个人一起制作某歌手的MV，刘源负责整理素材，而徐泉进行剪辑。

一开始，两个人配合得非常默契，很快任务完成了一半。这时，刘源起身倒水，不小心将电源插座踢开了。顿时，两个人的电脑黑了下来。这意味着，之前的工作全部白费，必须从头再来。

看到惊愕的徐泉，刘源立刻乱了手脚，紧张地说："我……我不是故意的……"

徐泉看见刘源的脸色很差，急忙说："没事的，咱们再来一遍就好了。毕竟已经做过了一遍，很快就会再赶回来的。别担心了，这种事情很正常的，谁没遇到过意外啊！"

不过，徐泉的安慰，并没有让刘源平静下来，嘴里不断地念叨着："都怪我不好……都怪我不好……"见他如此，徐泉赶紧让他去另外一个屋子休息。

一上午，刘源都不能原谅自己，不停地唉声叹气，甚至还狠狠抽了自

111

己一个巴掌。他明白，自己的失误使进度慢了许多，按时完成工作已经很难。

到了下午，刘源的情绪终于有了些许平静，这时他走进工作间，却发现工作已经被徐泉几乎做完。徐泉看着他，擦了擦头上的汗，开玩笑地说："哥们儿，你情绪好点儿了吧？我真怕你为此自杀呢！"

看着徐泉快乐的表情，刘源突然想："我的失误，造成了工作拖延，可是徐泉没有怪我还安慰我，而我却因为自责，导致进度更加缓慢，哎，我这是何苦呢！"想到这里，刘源终于开朗起来，和徐泉一起用了不到半个小时的时间，将剩下的工作全部完成。

人的一生中，势必会遇到各种各样的麻烦，其中有一些的确是自己造成的。可是，如果我们对每一次失误都深深自责，一辈子都背着一大袋的罪恶感过活，你还能奢望自己快乐吗？

人生的路途中，总有顺风之时，亦有逆风之时。不过无论怎样，我们都必须前进。而宽容自己的失误，才能把犯错与自责的逆风，化为成功的推力。要明白，没有人能够十全十美，接受自己的优点，也接受自己的缺点，这才能保持心态上的平衡。

还有的人，看到自己的缺点，就认为自己是邪恶的，难成大器的，因此一蹶不振。其实，我们应当懂得，少许的性格缺点并不能说明我们就是不受欢迎的人，更不是我们痛苦的理由。只有学会适当地宽容自己，我们才能保持内心的平静。

史蒂文森说："世界是如此的丰富多彩，我们就像国王般幸福快乐。"这话虽然带着孩子般的天真烂漫，但如果以乐观的心态面对一切，包括面对自己，就能真正地体味到国王般的幸福快乐。

第五章

和别人斗气，
就是在折磨自己

　　很多时候，人的怒气都是因为人际间的冲突或矛盾造成的。与他人在一起，一语不合、一举不当，都有可能引发你的怒气，让你与人争吵不休甚至大打出手，或者一个人躲起来生闷气。事后，如果你能冷静下来想想，会发现，和别人斗气其实就是在惩罚自己。一方面，你若生气，损害的是你的健康。心理学家发现，生气能导致人体发生一系列生理反应，诸如血液循环加快、心跳加速、血压升高、免疫力下降、记忆力减退等，使各种疾病甚至癌症发生。另一方面，生气又会损害你的良好形象，暴露你的弱点。所以，在任何时候，我们都不要去生气，和自己过不去，那是一件对自己有百害而无一利的事情。

1. 莫逞一时口舌之快，让怨恨扎根

> 话语是即时性的，正所谓"覆水难收"。如果不经考虑就将恶语说出口，伤了他人，即使事后万般解释，做再多好事，也难以完全挽回影响，弥补过失。所以应避免因为一时冲动或大意而信口雌黄、出口伤人。一个智者绝不会让舌头超越其思想。一个人只有深思熟虑后，才能做到少说无用的话，多说有用的话。

在与人交往中，很多过节、误会、摩擦甚至仇恨都源于某一句带情绪的话。本来极好的朋友，因为一件鸡毛蒜皮的小事，说了一些带情绪的话，伤害了对方的自尊心，而另一方也忍不下这口气，受羞后也勃然大怒，反唇相讥，从而让小事演变成了大事，酿成祸端。

沈妮个性内向，不太爱说话。可每当别人就某件事情征求她的意见时，她说出来的话总是带情绪，直戳别人的痛处。

有一次，同办公室的一位同事小雪穿了件新衣服，别人都称赞"漂亮"、"合适"。

可当小雪问沈妮感觉如何时，她却因为当天心情不好而直接张口说道："说实话，你的这件衣服虽然很漂亮，但是穿在你身上就像是给水桶包上了艳丽的布一般，因为你实在太胖了。而且这些颜色对你这个年纪的人显得太嫩了，根本不合适。"

小雪听了，脸色立即铁青，沉默不语了。从此之后，她再也不穿这件衣服了。几个月过去了，沈妮问小雪说："好几个月都没看见你穿过那件衣服了!"

"其实，那件衣服已经丢掉了，我已经忘记它的样子了。不过，你说的那句话，让我时常想起它带给我的痛!"小雪这样回答道。

的确，逞一时口舌之快极容易伤到别人，即便你有恩于他，或者你们曾经都是很要好的朋友，一旦对方被你的语言所伤害，你们的关系就会产生裂缝，甚至让怨恨扎根。

其实，爱逞一时口舌之快者多数是心浮气躁，又习惯于指责他人的人。在他们的心灵世界里根本没有"忍"字，只要不顺心，便会见事伤人，见人刺人，为的是排遣胸中的忧烦。他们根本没有想到，自己焦躁的情绪得到宣泄了，被骂者的心里感受如何呢？有时候，一句侮辱性的话完全可以让爱人分道扬镳，让朋友反目成仇，让亲人心生怨恨，甚至还能葬送你的前程。

孔融自小就聪颖，"孔融让梨"的故事一直为后世所流传和称道，使他成为家喻户晓的人物。他能言善辩，但在与人争辩时，经常情绪失控。

有一次，孔融正在和才子李元礼谈话，碰巧太中大夫陈炜前来造访。李元礼的门人将孔融的过人智慧绘声绘色地告诉了陈炜。陈炜一向老成持重，听后以略带轻视的口吻说："小时候聪慧的人，长大以后未必如此。"

孔融立刻反唇相讥道："想来太中大夫小时候一定是十分聪慧的啦!"

听到孔融的话，陈炜顿时唇紫髭翘，无言以对，心中充满了对孔融的厌恶感。他认定，一个总爱逞口舌之快的人，将来的命运一定不会好。

果然，许昌时代，孔融总是在曹操下决定时，立于一旁冷嘲热讽一番，机智的口才让曹操无可奈何。甚至，孔融干涉曹操父子的私生活，给曹操写了一封信，讽刺其子曹丕纳袁绍的儿媳为妾。多年来，曹操对孔融一直憋着气，最后，他借着孔融谋反的名义，将其痛快地处死。

一个真正聪明之人在与人交往中，是绝不会依个人情绪出口伤人，更不会把话说死、说绝，说得自己毫无退路可走。比如，他们绝不会说"我

115

永远不会像你一样做那样的蠢事"、"谁像你那样从不开窍，这么简单的问题都解决不了"、"看你那德行"等话，这样的话，谁听了也不会舒服，人人都爱面子，而这样绝对的断言显然是极不给人面子的表现。没有人受得了这样的无礼行为，即便他不会立即与你兵戎相见，大干一场，也会对你怀恨在心而结怨成敌。

其实，生活中不愉快的事多起源于口无遮拦，所以学会控制情绪，话出口前三思而行是我们一生都需要修炼的技术。

2. 保管好快乐的钥匙，别将它轻易交给旁人

> 心放宽点儿，天大的事也会变小，除了生命，一切都是小事，永远别拿别人的错误去惩罚自己。握紧你心中的快乐钥匙吧，唯有善待内心的人，才能更好地善待自己！事能常足，心常惬；心胸宽广，亦自得！

每个人的心中都有一把快乐的钥匙，但生活中我们会不自觉地将它交给旁人去保管。生活中，经常听到这样的抱怨和烦躁："我过得很不快乐，因为朋友误解了自己。"他其实是把自己快乐的钥匙交到了朋友的手中。一位员工说："我今天很烦躁，被客户坚决地回绝了！"他其实是把快乐的钥匙交到了客户手中。一位妈妈说："我的孩子真不听话，气死我了。"她其实是把快乐的钥匙交到了孩子的手中。一位男人说："真是丧气，老板总是对我冷言冷语，工作真是太过压抑了。"他把快乐的钥匙交到了老板的手中。年轻人从商店出来，气愤地说道："那老板态度恶劣，真是把我气炸了。"……生活中，多数人都在做同一件错误的事情，就是让他人来

控制自己的心情。当你允许他人来掌控你的心情时，你便会在工作和生活中不停地抱怨、随意发怒、情绪焦虑，有些人甚至患上了忧郁症，在悲观、怨恨和烦躁中一蹶不振。

哈伦斯是一家著名杂志社的心理学顾问，一次，他与朋友一起去一个报摊去买报纸。交完钱，那位朋友礼貌地对卖报人说了一声"谢谢"，但是对方却阴着脸，态度极为冷淡，没有一句客套话。

"那个家伙真是讨厌极了，不是吗？"在回家的路上，哈伦斯问道。

"是啊，他每次都这样，很少对人笑。"朋友漫不经心地说，丝毫没有生气。

"那你为什么还要对他那么客气呢？"哈伦斯有些疑惑了，他为朋友打抱不平。

朋友则只是微微笑了一下说道："我为什么要让他决定我的行为呢？"

一个内心成熟、淡定的人，会懂得牢牢地握住属于自己的快乐的钥匙，他不会期待别人带给他快乐，反而还能自我把控，把快乐和幸福传递给他人。这样的人，时刻都是情绪的主人，不因外界的人和物的影响而悲喜。

一天，张苏因与同事处不好关系，心情烦躁，就去找自己大学的老师聊天。一见面，张苏就表现出一副愁苦的样子，向老师感叹自己虽然满腔抱负，但因为在工作中表现得太过积极和热心，总受那些混日子的同事的指责和排挤。

老师听罢，哈哈一笑，沉默不语。只是端盘水果递给他吃。张苏因为心情烦躁，就摆手说自己平时不爱吃水果。老师还是递给他，张苏仍旧摇着手不接。老师仍旧微笑着，放下果盘，对他说道："看看吧，你不接的话，我还得收回来！就像别人在背后指责你，你如果不为此所动的话，话语不是还得被说话者收回来吗？"张苏猛然醒悟，别人的指责和谩骂，如果自己不当回事的话，对方怎么能伤到自己呢？恐怕伤到的只是他们自己吧！

的确，为他人的言行去生气，是拿别人的错误来惩罚自己。别人对你的冷漠也好，恶语相向也好，其目的就是让你难受、生气、愤怒，如果你果真去生气，不就正中了对方的下怀吗？而如果你全然不去理会，那受惩罚的自然就是对方了。我们在任何时候都无法阻挡别人的行为，唯一能把握的只有自己。快乐的钥匙始终在自己手上，请别轻易将它交给别人！

3. 怨恨别人，苦的只会是自己的心

仇恨会产生心魔，在束缚和折磨自己心灵的同时，还会伤及自己的健康。被恨的人是受不到什么伤害的，而去恨的那个人会让自己伤得越来越重，其生活只会被尘埃和阴冷所笼罩。

人的愤怒情绪，很多时候都是由心中对他人所生的不满和恨意产生的：同事不小心冒犯了你，你心生恨意，于是处处想报复对方；丈夫做事不够利索，你对其产生不满，于是处处看他不顺眼；孩子考试没取得好成绩，你失望透顶，于是总是苛求于他；领导的批评使你愤怒，于是处处想与其做对……要知道，憎恨别人其实是在拿别人的错误惩罚自己，你心中的恨意，只会让你的心充满苦涩，甚至会使你的人生都变成苦味。这种消极情绪所引起的得与失，比起物质上的得与失，更加致命。因为流逝的生命是最为昂贵的，是我们永远也支付不起的。

美国著名的建筑大王凯迪与飞机大王克拉奇是很好的朋友。凯迪有一个女儿，而克拉奇则刚好有一个儿子，两个人为使彼此间的关系更为亲密，就撮合他们的儿女成婚。但是两个人的感情却进行得并不顺利，经常会发生争吵。儿女的这种关系也让他们极为伤脑筋。

　　一天，凯迪的女儿竟然被人毒害，而警方经详细调查后认定，杀人凶手正是克拉奇的儿子。为此，克拉奇的儿子也被关进大牢中。两家人的身心因此受到沉重的打击。

　　令凯迪一家较为恼火的是，克拉奇的儿子在事实面前却从来不承认是自己杀害了凯迪的女儿，而克拉奇也极力地为儿子的罪行奔走上诉。如此一来，两家便结下了深仇大恨，开始进行明争暗斗，双方也都损失惨重。

　　一年以后，法院做出终审，克拉奇的儿子因谋杀罪被判终身监禁。克拉奇为了不让自己的儿子一辈子都待在监狱中，为了消除儿子的罪行，又千方百计、拐弯抹角地不惜重金为凯迪一家做经济补偿，以求得凯迪能为儿子说情。克拉奇每一次的经济补偿都是巧妙地出现在生意场上，这使凯迪不得不被动接受。

　　但是，凯迪每次拿到克拉奇家族的一笔补偿金的时候，就像是接过一把刺入自己心的刀那样悲痛难忍。凯迪不停地埋怨自己当初怎么就看错了人。而克拉奇的全家也是天天都生活在自责之中，他们怨恨自己怎么没能教育好儿子，埋怨自己不该为了利益而撮合儿子的婚事。

　　两家都是美国企业界上层人物，没想到生活却会如此捉弄他们，让他们的内心得不到安生。就这样一年又一年过去了，两家人的心情总是被巨大的阴影所笼罩，凯迪与克拉奇从来没有真正地笑过。他们承认，他们为此所付出的心理代价是用任何金钱也换不回来的。

　　然而，就在他们苦苦承受了20多年的痛苦后，最终的事实却证明，凯迪女儿的死，并不涉及善恶情仇。事情在当时的美国社会引起了巨大的轰动。面对媒体的采访，凯迪与克拉奇都说了同样的话："20多年来，我们所受的心灵上的折磨是我们永远支付不起的！"

　　20多年，是多少个黑发变成白发的日日夜夜啊！这是用任何财富都支付不起的。如果两家都能及时地忘让仇恨，那便不会有如此多的折磨和煎熬了。所以，生活中与人发生摩擦后，千万不要记恨对方，要学会忘记过去的一些恩怨，并开始自己的新生活，切勿在回忆中过度感伤，使自己的心灵备受折磨。

曾经有一个大力士，名字叫作赫格利斯，他体格高大，威风凛凛，从来都是所向披靡、无人能敌，因此，他总是一副踌躇满志、春风得意的姿态，唯一的遗憾就是找不到对手。

有一天，他行走在一条狭窄的山路上，突然一个趔趄，险些被绊倒在地。他定睛一瞧，原来脚下躺着一只皮囊，于是生气地猛踢一脚，想把它踢到九霄云外，没有想到那只皮囊非但纹丝不动，反而气鼓鼓地膨胀起来。

赫格利斯看到这种情形，更加恼怒了，于是挥起拳头又朝它狠狠地一击，但它依然如故，仍迅速地胀大着。

赫格利斯暴跳如雷，拾起一根木棒朝它砸个不停，但皮囊却越胀越大，最后将整个山道都堵得严严实实。

赫格利斯拿皮囊没有办法，气急败坏却又无可奈何之下，累得躺在地上，气喘吁吁。

不一会儿，一位智者走了过来，赫格利斯懊丧地说："这个东西真可恶，存心跟我过不去，把我的路都给堵死了。"

这位智者淡淡一笑，平静地说："朋友，它叫'仇恨袋'。当初，如果你不理会它，或者干脆绕开它，它就不会跟你过不去，也不至于把你的路堵死了。"

的确，很多不快乐的人都是在背着"仇恨袋"过日子，这样受苦的只是自己的心。我们要明白，生命实在是太过短暂，容不得我们为了一些外物和解不开的死结而毁灭掉自己匆匆而逝的年华，破坏其原本存在的平静。其实，只要你静下心来想想，过去的仇恨没有什么大不了，过去的毕竟过去了，再纠结、再痛苦也永远无法挽回了。只有选择及时将其忘记，才能弥补你已经失去的，才会迎来如夏花般绚烂的明天。

4. 与他人争执，是一场永输无赢的战争

> 如果有一天，你和你周围的人发生争执，你就让他赢，他又能赢到什么？如果你输了，你又能输掉什么？这个赢和输，只是文字游戏罢了，我们将许多时光都浪费在语言的纠葛之中。其实，两个人如果发生争执，并不会真正的有输和赢，而失去的则是彼此间的感情、和气和友情。

世间芸芸众生，对同件事物，每个人都有自己的想法和看法。所以，与他人交往，出现意见不合是极为正常的事。可是，一些人总为了赢得口头上的一时的胜利，与人争得天昏地暗。这种人头脑灵活、牙尖嘴利、好胜心极强，不把对方说得哑口无言、低头认输绝不罢休。同样，他们的言语也极为犀利，善于抓住别人语言的漏洞，在辩论中往往占有绝对的优势，依仗着自己实力强大，说话得理不饶人，把别人批判得一无是处。这样的人，心里充满了愤恨，因此情绪波动异常，经常处于急躁的状态中。

一天，子路与一位路人发生了争论：路人说三七二十四，而子路则坚持三七等于二十一。两人谁也不服谁，搞得脸红脖子粗。最后，两人就去找孔子当裁判，并约定输的人付10个贝币。

两人见到孔子说明情况后，孔子当即就判子路输了，子路付给路人10个贝币。路人高高兴兴地走了。子路不服气地质问孔子："明明我说的是对的，您为什么判我输？"孔子说："你和一个没读过书的人争论，有意思吗？他都糊涂成那个样子了，连三个七是多少都弄不准，你却跟他争论！所以我判你输，就是要让你长点儿记性，与人争论输的永远是自己！"

与人争论是一场永输无赢的战争，正如富兰克林所说，如果你辩论、争强、反对，你或许能赢得一时口头上的胜利，但这种胜利是空洞的，因为你在与人争论的那一瞬间，就代表你将失去和气、友谊和感情，世间有什么比这些更珍贵的东西呢？

与人舌战不休，拍桌打椅，争得面红耳赤、嗓音嘶哑，最终的结果只有一个：徒劳无益，因为即使你争赢了，但这种表面上的胜利实则无益，而且还会损伤对方的自尊，影响对方的情绪，若是争输了，自己也不会觉得光彩。所以，遇到与人意见不合的时候，最好的策略就是不与人争论。

李莉在一个大商场中当经理。一天她正在办公，突然听到外面有争吵的声音，赶忙出去了解情况。原来，一位年轻人从商场买了一件衣服，但是穿了一天发现那衣服掉色极严重，把他的衬衣都染色了。他拿着这件衣服来到商场，请求退货。

年轻人气呼呼地拿着这件衣服讨说法，售货员听罢，说："我们卖了几十套这样的衣服，你是第一个找上门来抱怨衣服质量不好的人。"说完，还冷笑了一声。从她的语气听，似乎认为那位年轻人在撒谎，想把责任推给商场。另一个售货员也说："所有深色衣服开始穿时都会褪一点儿颜色，这个是可以理解的，尤其是这种价钱的衣服。"

"你们的意思就是我无理取闹是吧？"年轻人气得差点儿跳起来。

李莉看到事情如此发展，当然不能坐视不理。正当年轻人准备做出反击的时候，她来到年轻人跟前，很客气地说："很对不起，是我们做得不对。您想怎么处理？我尽量考虑您的建议。"说完后又批评那两个售货员："你们怎么能够这样对客户说话，客户是来解决问题的，而不是让我们推卸责任的。"

听到李莉这样说，年轻人的火气消了一大半，便说："我倒是想听听您的意见。我想知道这套衣服以后还会不会再染脏衬衣，能否想点儿什么办法。"

"那我建议您再穿一星期。如果还不满意，就把它拿来，我们想办法解决。请原谅，给您添了这些麻烦。"

李莉的话，尽管让年轻人半信半疑，但他还是较为满意地离开了商店。一个星期以后，年轻人也没有来，或许衣服不再掉色了。

李莉的聪明之处就在于：不会因为售货员和客户的争论，让自己的心态出现明显波动，从而避免了争吵的升级，将无谓的争论打上休止符。

真正的智者，不会以口头的争论去改变他人的想法或思想。争辩一则于己不利，因为如果对方的意见对了，可是你没听取，那就得不到正确的信息，也无法获得正确的结果；二则伤害他人，因为你不尊重他人的意见，也就伤害了他人的自尊心，使你人际关系受损。所以，在任何时候，都不要与顾客、配偶甚至敌人发生口头上的冲突，别指责他们的错误，别惹他们动怒，如果非得与人发生对立，也得运用一点儿技巧，要对别人的意见表示出尊重，这是让你赢得好人缘的前提。

5. 宽大为怀，以微笑回应他人的挑衅

看别人不顺眼，是自己的修养不够；与挑衅者斗气，是自己的气量不够。永远不要试图跟没修养、没气量的人争斗，因为他们会把你拉到跟他们一样的高度，然后用丰富的耍横、无赖经验将你击败。

有一次，苏格拉底低头在街上行走，有人用棍子打他的后背，痛得他无法站立而蹲下去，但是很快地，他便又若无其事地站起来。目睹整个经过的旁人，看见他没有任何反应，便好奇地问他："别人冒犯了你，你为

什么不还手呢?"苏格拉底只是微笑着回答:"当一个发了野性的驴踢你时,你还会反过头来踢它一脚吗?"

苏格拉底面对他人的"挑衅",表现出来的智慧和涵养着实让人佩服。生活中,与人相处,难免会遇到他人的冒犯或者挑衅,对此,我们千万不要表现出盛气凌人的样子,更不要得理不饶人,非要与他争得面红耳赤,斗得两败俱伤。如果这样做,只会降低你的身份,压低你的高度,让你丧失涵养。真正的内心强大者,在面对他人的挑衅时,会入耳不入心,并以微笑回应。

关于此,苏轼在《留侯论》中曾说:"之所谓豪杰之士者,必有过人之处。人情有所不能忍者,匹夫见辱,拔剑而起,挺身而斗,此不足为勇也。天下有大勇者,卒然临之而不惊,无故加之而不怒。"意思是说,内心真正强大的"勇士",必然有一种"过人之节",他们能够忍受像韩信那样的胯下之辱,而成就辅佐刘邦决胜千里、扫平天下那样的大业。他不会像平常人逞一时之勇,图一时之快。这是因为他的内心有一种在理性制约下的自信与淡定,这是因为他有着宽广的胸怀和高远的志向。

亚伯拉罕·林肯是美国第 16 任总统,也是美国历史上最受人敬仰的总统之一。当时的美国社会很注重一个人的出身门第,政府内部的大部分议员都出身贵族,都是属于上流社会的人。这样的人有一种天生的优越感,总是瞧不起那些出身卑微的人。

林肯竞选总统前夕,有一次,他在参议院发表演讲时,遭到一个议员的羞辱。这位参议员盛气凌人地说道:"林肯先生,在你演讲之前,我希望你记住,你仅仅只是一个鞋匠的儿子。"这话刚说完,全场响起了一阵哄笑声。很明白,那位议员的目的就是要打击林肯的自尊心,让他自动退出竞选。

面对嘲笑,林肯则异常冷静,面带微笑对着那位议员说:"我十分感谢你使我想起了自己的父亲,我一定会永远记住你的忠告:我永远是鞋匠的儿子。我知道自己做总统永远无法像我父亲做鞋匠做得那么好。"

林肯继续面带微笑地对那个参议员说道："据我所知，我父亲从前也为你家做过鞋子，如果不合脚，我可以帮你改进，我从小跟我父亲学过做鞋的技术。"

然后，他转身对所有的参议员大声说："任何人都一样，如果你们穿的鞋是我父亲做的，如果你们需要修理或改进，我一定尽力帮忙。但是有一件事是肯定的，我无法像我父亲那么伟大，他做鞋子的手艺是无人能及的。"

这时，所有的嘲笑声全部化为赞叹的掌声，而那名议员的脸却是一阵红一阵白，很是难堪。

林肯用微笑化解了对他的非难，而这微笑之后，是一颗宽容和善良的心胸，正为此，也赢得了众人的赞赏，让人坚信他能做出一番惊人的事业。在面对别人的羞辱、非议或诽谤的时候，心胸宽广的人不但可以稳如泰山，而且还可以理智地化解危难。俗话说："将军额上能跑马，宰相肚里能撑船。"一个人能够做出多大的事业，就要看他的胸襟有多么辽阔。如果向大海中扔一个石头，大海依然波澜不惊；如果向一条小河扔一个石头，那么，它就会溅起许多水花。只有拥有宽阔心胸的人，才能容纳更多，才更能做出一番大事业。

微笑、宽容地面对非议，是一种修养，一种气度，一种高贵的品德，更是一种"四两拨千斤"的智慧。心胸阔大、志存高远的人，是不会为一时的得失或一时的名声去与他人明争暗斗的，在面对小人的羞辱时，只会觉得对方是可笑的，就像一个大人看一个小孩子玩游戏一样。因为他宽阔的心胸和深厚的底蕴，足以将打击者扔过来的小石头淹没了。

6. 要提升气场，先修炼气量

> "人活一口气"是指人是靠"气"支撑起来的。所以，要了解一个人的过去，就要看他的气质；要预测一个人的未来，就要看他的气度。真正的不凡者，身上是无惰气、俗气、戾气的，他们得意不长躁气，失意不失志气。做人欲提升气场，就要先修炼气量。要想活得争气，必先学会大气！

　　马云说："无论是人生的高低起伏，还是事业的高潮低谷，都要以一种开阔的胸襟和气度去面对。你有多么开阔的胸怀，就能容纳多开阔的天地，就能开拓多么恢宏的未来。"不可否认，一个人要成就大事，要拥有强大的气场，首要的一点就是要有气量。一个爱与人斤斤计较，没有容人、容事之量的人，其眼界是狭隘的，格局是狭小的，是难以成事的。

　　说到第二次世界大战，就不得不提及巴顿将军。

　　有一年，巴顿在行军途中，发现了通往第 93 军后方医院的路标，于是马上赶了过去，想去赞扬士兵们的勇敢精神。不过，就在巴顿探视病房时，无意间看到一个没有任何伤口的士兵也住在医院里，他的表情马上变得很难看。其实，这个士兵患上了一种精神疾病，因此身上并没有伤，这本是正常事。但是，巴顿已火冒三丈。那位士兵见巴顿怒气冲冲的样子，哆哆嗦嗦地回答道："医生让我住在这里，因为我的神经有点儿毛病。"说着便开始哭泣起来。

　　不过，巴顿并没有理会这些，大声地叫骂道："你是个胆小鬼，狗娘养的。你神经有毛病还当什么士兵？回家去得了。"士兵越发害怕起来，只是一个劲儿地道歉。但巴顿还是不肯善罢甘休，给了这个士兵几耳光，继续吼道："你是集团军的耻辱，你要马上回去参加战斗，不应该躺在这里。"说着，他拔出手枪，在这个士兵的眼前晃动，这个士兵吓得双脚发抖……

离开医院后，巴顿的内心感到不安，觉得自己可能是有些太过火了。但因为战事紧张，这件事很快被他抛到九霄云外去了。可是，巴顿打人的消息很快传开了，新闻媒体也开始报道此事。

当总统罗斯福得知此事后，以个人名义给巴顿写了封信，批评了巴顿的龌龊行为，并责令巴顿：必须向被打者道歉，而且还要向整个集团军，一个部队挨一个部队地道歉，再向当时所有在场的医护人员和伤员道歉。

不得已，巴顿只得执行了总统的命令。尽管如此，还是有人不肯原谅巴顿，要求把巴顿送上军事法庭进行审判，或取消他继续参战的资格。这件事对巴顿产生了很大的影响，导致他未能出任集团军司令。

巴顿将军批评下属固然没有错，因为批评是管理士兵的一种方法。但是，因为不听解释便立即怒发冲冠，在小事情上斤斤计较，这是十分不可取的。他因缺乏气量，才导致自己遭遇到人生最大的"滑铁卢"。

气量狭小的人，因为喜欢发脾气所以远比无能的人更容易遭到人生的大失败。因此，我们要随时提醒自己不要轻易生气。作为一个成年人，尤其是领导，就该有容人的气度，而不是如怨妇一样肆意地发泄自己的情绪。即便真的爆发出来了，也要懂得审时度势，见好就收，别把场面搞得一发不可收拾。

要提升气场，就要先修炼气量，那些真正有气度的人，人生遇到怎样的坎坷都会以微笑视之，遇到怎样倒霉的事，都会运用智慧巧妙和气地化解，这样的人处处都透着成熟、稳重与可爱。

美国前总统里根在当选美国总统之前，家里被窃，朋友写信安慰他。他却回信说："谢谢你的来信，我现在心中十分平静，因为：第一，窃贼只偷走了我的财物，并没有伤害我的生命。第二，窃贼只偷走一部分东西，而非全部。第三，最值得庆幸的是：做贼的是他，而不是我。"朋友为他的气量深感佩服。

后来，在他参加总统选举时的一次演讲中，台下突然有个捣乱分子高声打断了他的演讲，说："狗屎！垃圾！"

里根虽然受到了干扰，但他情急生智，不慌不忙地说："这位先生，请少安毋躁，我马上就会讲到你所提出的关于环保的问题。"全场人不禁为他机智的反应鼓掌喝彩。

在他上任初期，有一次被枪击中，身负重伤，子弹穿入了胸部，情况极为危险。在生死攸关的时刻，他并没有下令立即抓捕暴徒，而是对太太说："亲爱的，我忘记躲开了。"美国民众得知总统在身负重伤时仍能大度幽默，都期望他能早日康复。也正因为他的大度镇定，稳定了当时因受伤可能产生的动荡局势。

里根正是因为拥有容人的气度，才让他有了过人的气场。可以说，拥有宽阔的胸怀与气度是一个人智慧的最高体现。这样的人，其身上有在丰富的阅历中历练出来的从容、稳重与和善的待人接物的气质风度，是赢得朋友信赖、陌生人喜爱的精神符号。在任何时候，他们都能从容地面对生活中的磕磕碰碰，能够从容冷静地用自身的智慧与强大的内心一一搞定。这样的人，无论在什么情况下，都能驾驭好事业和生活这两条船，稳当地向幸福的彼岸驶去。

7. 外表逞强的人，内心都在投降

人因为内心软弱，才会在表面上假装强硬。所以那些外表逞强的人，内心其实都在投降。一个内心真正强大的人，在任何情况下都会处之泰然，宠辱不惊，不论外界有多少质疑或者诱惑，都能做到心无旁骛，依然固守着内心那份坚定。

生活中，一些人总是爱向他人示出强悍的外表：自己有理，便开始"大嗓门"；有点儿身份，便对周围不如他的人大呼小叫；凡事都想争第一，与人常起冲突；为了得到旁人的认同，便与人抢功劳；有点儿小成就，便忘乎所以，不把周围的人放在眼里；他人不小心冒犯，便立即火冒三丈，咬牙切齿地给予回击，甚至恶语相向……这样的人处处爱逞强，表面上看好像极自信，其实，它是心态失衡的软弱的表现。

爱在现实中逞强的人，其内心都在投降。他们因为内心软弱，所以要通过外表过人的强硬，能体现一种胜利感。

周丽是个泼辣豪爽、直来直去的女人，这种个性本是受欢迎的，但她却管不住自己的嘴巴，嘴巴跟性格一样"豪爽"，经常咄咄逼人，只要得了理，便一定不会饶恕别人。

有一次，周丽被经理安排到外面去做事，文秘刘红不知情，给周丽记了事假，结果扣发了工资。周丽非常气愤，气呼呼地去找刘红理论："嗨，你怎么搞的啊，我什么时候请假了，凭什么扣发我工资。"

刘红询问了经理，才知道自己搞错了，但是她心想：即使是我发错了工资，你也应该好好说，怎么可以这么出言不逊呢？于是也没给周丽好听的："公司规定职员因公务外出时，要记得和我说一声，当初你没说我怎么知道！"

周丽一听气就不打一处来，仗着自己有理，不依不饶："是你自己的工作没有做好，你怎么又埋怨起我来了，一个打杂的还不知道天高地厚了。你是不是平时看我不顺眼呀，你要是看我不顺眼就直说，少在背后捣鬼。"

一个得理不饶人，一个死不认错，谁也不肯退让，结果两人从斗嘴发展到大打出手。

其实，周丽和刘红都是爱逞强好胜者，在面对误会时，第一反应都是以强硬的方式向对方示威。这样做，正彰显了她们内心的脆弱，最终也会把事情越搞越糟。真正的强者，都是平和之人，在面对误会时，会和颜悦色地向人解释；在自己犯错时，会主动向他人低头，以求得对方的谅解；在面对别人的冒犯时，仍会以微笑的方式向对方表示出接纳的姿态。这样的人，才是无往而不胜的。

王琳是个飞行员，他的胆识过人，技术一流，在飞行员中属于佼佼者。

有一次，王琳参加一场飞行表演，结果飞机在返回途中发生了意外——在飞机降落到距离地面300米高空的时候，王琳发现飞机的发动机突然熄火了。

看到这样的情形，王琳自然非常紧张，因为这几乎意味着机毁人亡。当时王琳的飞机里还有另外两个人，也就是说，三条人命已经危在旦夕了。不过值得庆幸的是，王琳依靠高超的技艺和过人的胆识，仍然把飞机降落在机场，人员也安然无恙。

走下飞机，王琳立即对飞机做了检查，发现是机械师把燃料加错了。人们都以为他要狠狠地痛骂那位粗心大意的机械师一顿，因为这么大的失误，不仅让这架造价昂贵的飞机基本报废，而且差点儿让王琳一行三人一命呜呼。

可是，出人意料的是，王琳走过去揽住机械师的肩膀说："为了相信你不再出现这样的情况，明天要起飞的 F-16 还要你来维修。"

机械师还沉浸在紧张、沮丧、痛悔的情绪中，听到这番话以后，简直不相信自己的耳朵，直到王琳离开以后他还没醒过神儿来。当然，这件事情给了这个机械师一次终生难忘的教训。而王琳在年轻机械师犯了这么大错误的时候，只是简单寥寥几句含蓄的批评就又重新给机械师机会，机械师又怎么会不感恩戴德呢？下一次检修的时候他一定会万分小心的。

王琳的做法，肯定让机械师终生难忘，认定王琳是个值得尊敬的人。所以，面对他人的失误，我们一定要懂得：只要是人，都可能出现错误，知错能改自然是最好了。别得理不饶人，选择更加委婉的言辞，这会让你的心态平和，更会让对方体会到你的大度。

所以，恰到好处地向人表达你的和善，不但能够赢得他人好感，体现你做人的境界，而且还能让人对你心悦诚服。相反，暴风骤雨式的凌厉、尖刻，只会激发他人的反感厌恶。要知道，人们喜欢的往往是那些行为友善、令人轻松愉快的人，因为他们的气场是温和的、明亮的，就像冬日的阳光一样。得饶人处且饶人，气场会辐射到更多人身上，如此我们也就拥有了更多的人气、更多的朋友。

8. 拓宽你的眼界，学会吃点儿"眼前亏"

人生，有多少计较，就有多少痛苦；有多少宽容，就有多少快乐。痛苦与快乐都是心灵的一种折射，就像镜子里面有什么，完全取决于镜子前的事物。心胸宽广之人，吃得了亏，受得了屈辱，赢得了人心，成就了事业。计较于眼前，失去的是更宽的天地。没有海一样的胸怀，哪有海一样的事业。你的心有多宽，事业就会有多大。

有这样一个有意思的故事：

苏东坡有位好朋友叫佛印，两人经常在西湖一起参禅悟道。佛印是位老实厚道的人，苏东坡古灵精怪，经常占他的便宜。

有一次，苏东坡就问佛印："佛印，你看我像什么呢？"佛印老老实实地睁开眼睛，说："我看你像一尊佛。"苏东坡说："你知道我看你像什么吗？你往那儿一坐，就像一堆牛粪！"说完他就开始哈哈大笑起来，而佛印只是闭着眼睛，并没有搭理他。

晚上回到家中，苏东坡很得意地把这件事告诉了自己的妹妹。妹妹听完后，就冷笑着说："哥哥呀，就你这样的悟性还配去参禅呀？参禅讲的是见心见性，心中有，眼中才有。佛印说你像尊佛，说明他心中真有尊佛，正因为如此，他才对你的无理不争不怒。你看他像堆牛粪，你自己想想你心中有什么吧？"苏东坡听罢妹妹之言，惭愧得无语。

其实，我们所看到的外在世界，都是内心的一种折射，你所看见的，必定也是你心中所有的，心灵怎样，所表现出来的状态也就会是什么样子。所以，在生活中，当我们无力反驳别人对我们的指责的时候，当我们面对上司的无理要求而无力反抗的时候，当遇到形形色色的不公的待遇无能为力的时候，还是学会吃点儿"眼前亏"，把眼光放得长远一点儿。没必要让这些厌恶的情绪影响到我们的心境，并告诉自己：他们的计较是因为他们心中只能装下这些厌恶，而我们的内心应该装得下过去、现在和未来。所以，就不必与他们一般见识了。

在适当的时候，吃点儿眼前亏并非是一种软弱的表现，是一种包容的气度。有了这种心态，就能迅速地灭掉我们心中的怒火，赶走我们的坏脾气，以乐观的心态面对现实中的一切不快。

有句古话说"好汉吃得眼前亏"，是指好汉的眼光宛如鹰眼一样锐利，它关注的是长远的根本利益所在，而不会执着于眼前的祸福吉凶。鼠目寸光的人，才吃不得眼前亏，因为他们心胸狭窄，容不得一丁点儿的损失；高瞻远瞩的人，却吃得眼前亏，因为他们视野辽阔，纳天地于心中。历史上有许多吃得了眼前亏的人，韩信忍受胯下之辱，终成盖世功业；越王勾践为复国雪耻，卧薪尝胆，终成一方霸业；刘邦受一时的屈辱，面对强大的项羽俯首称臣，最终赢得了战机，建立了西汉政权……由此可见，真正有智慧、眼界宽广的人，都是吃得了眼前亏的。

东汉时期，有一个名叫甄宇的官吏，时任当时的太学博士。他为人极为忠厚，遇事也很懂得谦让，每天都乐呵呵的，官吏都愿意与其接近。

有一次，皇上将一群外番进贡的活羊赐给了在朝的官吏，要他们每人分一只领回家。

在分配活羊时，负责分配的官吏犯了愁：这群羊大小不等，肥瘦又不均，如何分才让群臣们没有异议呢？

皇上让大臣们献计献策，这些羊到底如何分才算合理。

有的大臣说："可以将羊全部都杀掉，然后肥瘦搭配，人均一份。"也有人说："干脆大家抓阄，抓到哪只是哪只，全凭个人运气。"

就在大家七嘴八舌、争论不休之时，甄宇站了出来，说："分只羊不是极简单的事情吗？依我看，大家随便牵一只不就可以了吗？"说着，自己便从中牵走了最瘦小的一只。

看到甄宇这样做，其他人也不太好意思专牵最肥壮的，于是，大家都挑最小的羊牵。很快，羊被分完了，大家都没有任何怨言。

皇上看到了甄宇如此大度，就当即赐予他"瘦羊博士"的美誉。不久后，在群臣的共同推举下，甄宇又做了太学博士院的最高官员。

从表面上看，甄宇牵走了一只瘦小的羊是吃了亏，但是，他却得到了皇上的器重与群臣的拥戴，实则是占到了"大便宜"。正所谓"吃得眼前亏，福气自然随"，一些聪明人遇到事情是不会去斤斤计较的，而是能够成功地运用吃亏的智慧，得到更多的"福分"。

在生活中，有三种人是不肯吃亏的：第一种是肚量小的人，吃了亏就想不开，茶饭不思，好像被剐了肉一样，最终伤了身体，吃了大亏；第二种是火气太大，吃了亏后随即就开始双脚跳，轻则破口大骂，重则大打出手，将事情弄得不可收拾，往往又会吃大亏；第三种是心眼儿小的人，吃了亏就要睚眦必报，常常让与其共事的人怨声载道，失去人气，自己因小失大。以上三种人因为过分计较得失，最终都是要吃大亏的。如果你经常为忍不了一时之气而乱发脾气，那就学会吃亏吧，切莫因为太过计较而让自己遭受更大的损失。

9. 宽恕是清除怒火的灵丹妙药

> 予人方便，就是待己仁厚。理解是相互的，你让别人一步，别人才会敬你一尺。人心如路，越计较，越窄；越宽容，越宽。心胸太小，难成大器，事由人做，容人等于容事，容得下多少人，就能解决多少事。

生活中，我们胸中升腾的怒火，多是与人太过计较的结果：员工觉得老板不够理解他们；老板觉得员工不够体谅自己；女人觉得丈夫不够体贴，孩子不够听话；男人觉得妻子不够体谅自己，觉得客户太过难缠……这些抱怨和不满，是激发我们坏情绪的根源。其实，如果我们心存宽容，主动去容纳和理解这些对与错、是与非，那自然就能变得平和许多。

生活中，人与人之间难免有碰撞，即便是心地最善良的人，也难免会伤害到他人。如果我们人人都去计较、较真儿，那世间哪有平和而言。所以，我们要多站在他人的立场上考虑问题，以宽容之心去理解别人。宽容是一种博大的情怀，它能够包容人世间的喜怒哀乐；宽容也是一种至高的境界，它能使人跃上大方磊落的台阶。只有宽容，才能使人与人之间的创伤得以愈合，只有宽容，才能消除人与人之间的紧张与痛苦，可以说，宽容是清醒人心的灵丹妙药。

安德鲁·马修斯在《宽容之心》中说了这样一段话：

别人对你的龃龉、排挤甚至诬陷，说明你的力量正让对方感到恐慌，所以你要懂得宽容他们。你要知道，石缝里长出的草最能经受住风雨；别人在背后说你的风凉话，正可以为你发热的头脑"冷敷"；别人给你穿的"小鞋"，或许能让你在舞台上跳出曼妙的"芭蕾舞"；他人给你的打击，仿佛就像是运动员手上的杠铃，只会增加你的爆发力。你若睚眦必报，只能说明你无法虚怀若谷；言语刻薄，是一把双刃剑，最终也会割伤自己；以牙还牙，也只能说明你的"牙齿"很快要脱落了。血脉贲张，最容易引发"高血压病"。一只脚踩扁了紫罗兰，它却把香味留在那脚跟上，这就是宽恕。

不可否认，宽容对于改善人际关系与身心健康都是十分有益的。如果你都以宽容之心去对待你周围的人，就自然会忽略他们在生活、工作、学习过程中的一些过失，能够有效地防止事态扩大而加剧彼此之间的矛盾，避免产生严重的后果。事实证明，不懂得宽容的人，只会使烦恼和痛苦殃及自身。过于苛求别人或苛求自己的人，必定会使自己处于极为紧张的心理状态之中，也不容易感受到快乐。

哲学家说，宽容是一个人的修养和善良的结晶；心理学家则说，宽容是家庭生活的一剂调味品。常言道：金无足赤，人无完人。面对别人的错误、过失，聪明的做法就是宽容待之。宽容别人的同时也是在宽容自己，是在解脱自己。倘若人与人之间没有宽容，恐怕我们的生活将会充满仇恨与报复，人们也感受不到幸福的滋味。

一位幸福的老人在其金婚纪念日的当天，向前来祝贺的朋友道出了保持幸福婚姻的秘诀。她说："从我结婚的那天起，我就准备列出丈夫的10条缺点，为了我们的婚姻能够幸福，我向自己承诺，每当他犯了这10条错误中的任何一条，我都会原谅他。"

这时候，人群中则有人问："那你列出的这10条错误是什么呢？"

老人听了，笑了笑说："老实告诉你们吧，这50年来，我始终没有将这10条缺点具体地列出来。每当我丈夫做错了事情，冒犯了我，让我气得直跳脚的时候，我就会马上提醒自己：算他运气好吧，他犯的错误都是我可以原谅他的那10条错误中的一条！"

在漫漫人生旅途中，人与人之间都难免会出现矛盾和摩擦，如果我们都能像老人那样，学会去宽容和忍让，你就会发现，幸福和快乐将会时刻围绕着你。

当然了，宽容并不等于纵容，它是建立在自信、助人和有益于社会的基础上的。对于别人的过失，我们在宽容它的同时，如果能以适当的方式给予一定的批评与帮助，便可以避免对方以后犯下更大的错误。

具有宽容的心，意味着你不会再患得患失。我们在学会宽容别人的同时，也要学会宽容自己。当自己有了过失，亦不必灰心丧气，一蹶不振，也不必为之痛苦不已，只要能从中吸取教训，便可以重新扬起工作和生活的风帆。只有宽容地对待自己，才可以让自己心平气和地投入到工作和生活之中。

学会宽容不仅有益于身心健康，而且能保持家庭和睦、婚姻美满。因为宽容中包含有理解、同情和谅解，夫妻之间如果没有宽容，再坚固的爱情地基也有动摇的时候。生活需要宽容，欢乐之花离不开宽容的灌溉。学会宽容，人的心胸就会变得开阔。当你被人误解，或者你误解了别人时，宽容会在时间的流逝中抚平一切伤痕，调和一切苦楚。宽容是大度的弥勒佛，能够包容世间的是是非非、恩恩怨怨。因此，在日常生活中，我们要时刻以宽容的心态去面对一切，这样才能征服一切，才能收获内心的宁静和快乐。

10. 成不了心态的主人，必沦为情绪的奴隶

三毛说："心若没有栖息的地方，到哪里都是在流浪。"同样地，一个人若成不了心态的主人，到哪里都会沦为情绪的奴隶。心是一切之源，人的幸福、快乐、悲伤、烦恼、痛苦皆源于那里，所以，与其抱怨现实，不如先学着改变自己的心态。

一只猫头鹰急促而忙碌地在树林中飞着。在一旁的啄木鸟好奇地问道："老兄，你在忙什么呢？"

猫头鹰垂头丧气地说道："我在这儿待不下去了，正在忙着搬家呢。"啄木鸟十分疑惑地问道："这里不是很好吗？为什么要搬家呢？"猫头鹰叹了口气说："周围的朋友都不喜欢我，它们都讨厌我的叫声。"啄木鸟便说："说实话，我也不喜欢你的叫声，尤其是在晚上，你经常会打扰我的美梦。虽然我们表面上没有说你，但是内心却挺烦你的。其实呢，你只要把你的声音改变一下，或者在晚上闭上嘴巴不要叫，你完全可以继续待在这里的。假若你不改变，即使你再换个地方，别人也依然不会喜欢你的。"

生活中，有很多猫头鹰式的人，他们总是埋怨周围的人不够和善，所处的环境不如自己的意，每天都愁苦连天、抱怨不止，总想着更换环境来改善自己的心情，到最终才发现：原来，他们需要改变的不是周围的人和物，而是自己的心态。

心是一切之源，人的快乐和苦恼都源自那里，你若成不了心态的主人，到哪里都会沦为情绪的奴隶。

晓梅是一位长相漂亮、工作能力强的职业女性，受过良好的教育，如今在一家大型集团公司上班。依道理说，这样的女人应该活得乐观、舒心才是，但事实上，她的内心总被痛苦的情绪包裹着，苦不堪言。尤其是最近，她总是会莫名地发火，总是看谁都不顺眼，见谁都不想搭理，总觉得周围的同事做事太过幼稚，说话太过俗气，似乎每个人身上都有一大堆她无法容忍的毛病。别人穿的衣服她看不顺眼，总能给人家挑出一大堆的毛病；同事吃饭的时候她总嫌人家咀嚼声太大；甚至一些下属说话声音稍大一点儿，她就会说人家没教养。

总之，晓梅总觉得与这些人在一起工作简直就是一种煎熬，但是对于是否要继续在这里待下去却下不了决心。因为自大学毕业后的 8 年时间中，她换了 3 次工作，而且每一次她都是因为忍受不了同事的"坏习惯"而离职的。她也明白，无论在哪里工作，她都难以让自己开心起来。

其实，纠结的并不是周围的人与事，而是我们的内心。与其抱怨周围的环境，不如静下来先反思自己，控制自己的情绪，改变自己的心态。一个能控制自我情绪的人，才能真正地成为自己的主人，才能不为外界的人与物所干扰。

一天，老子经过一个村庄，村庄里突然跑出来一群人，想让他留下来。老子说："谢谢你们过来找我，不过我已经与对面村庄的人约好了，他们现正正在等我，我现在必须赶过去。不过，等明天回来后我会有较为充裕的时间的，到时候如果你们还有什么事情找我，再一起过来行吗？"

那群人见状，口中便出污言秽语。老子依然不动声色地向前赶路。其中一个人说："我们苦苦挽留，你却不应声。又将你贬得一无是处，你为何还是不动声色地我行我素呢？"

老子说："假如你要的是我的反应的话，那你来得有点儿太晚了，你应该在我年轻的时候就过来的，那时候我可能会对你们的话有所反应。然而，这 10 年来，我已经不会再被人所控制，我已经不再是个奴隶了，我是

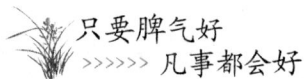

我自己的主人。我在根据自己真实的内心做事，而不会随便跟随别人去做出什么反应。"

正所谓"铁牛不怕狮子吼"，一个内心强大的人，首先是自己心态的主人。就像老子一样，不为外界的任何因素所困扰和左右，只依自己内心去主宰自己的行为。所以，他的世界是一片安宁的。所以，在生活中，我们要活得快乐、宁静，就必须懂得控制自我的情绪，做自己心态的主人，不为外界所大喜、所动怒，保持一颗平常心，如此才能体味到生命真正的精彩。

第六章

盯紧"梦想"不迷惘，
"充实"的人生不动怒

　　人的愤怒、忧郁等坏情绪，很多时候都源于内心的迷惘和空虚，有些人因为生活无梦想，人生丧失了目标，所以内心空洞无比，就容易没事找事，生活一片灰暗，人也开始畏缩，迟疑着不敢向前踏进一步。这个时候，我们需要敞开心扉，重新找回那个遗失的梦想，心灯就会骤然渐亮，一切便可以恢复正常，乐观与自信可以再度鞭策我们一路向前，生活充实了，烦恼、抑郁等坏情绪便不容易来打扰了。

1. 人的情绪问题，多源于心灵的空虚

> 人的情绪问题，多源于心灵的空虚：一个无事可做的人，心灵最易滋生烦恼，也最易没事找事，那么，坏情绪也便如影随形了。所以，要清除坏情绪，最为有效的方法就是让自己有事可做，当人专注于某一行动时，就不会轻易发脾气。生活中，我们不要拒绝忙碌，那是一种充实。

空虚、寂寞、孤独等坏情绪也是让人发脾气的根源之一。人在空虚、寂寞或孤独时，情绪时常是压抑的，人的精神压抑久了，坏脾气自然就容易爆发。记得有人说过，没有钱、没有经验、没有社会关系，这些都不可怕，最为可怕的是没有梦想，没有思路！没有梦想的人是空虚的，灵魂是空洞的，精神也会是压抑的。可是，生活中，多数人都认为，清闲、懒惰是一种福气，殊不知，它带给人的是一种碌碌无为，会让你的生命失去价值，让生活失去色彩。

相传，老子在经过函谷关时，将自己的《道德经》留在了当地的府衙之中。

有一天，一个年逾百岁、鹤发童颜的老翁到府中问他："先生，我听说你博学多才，因此，我有几个问题想请教你！"

老子答应了老翁的要求，于是，老翁问道："今年我105岁，大家都叫我老寿星。可是说实话，从小到大，我一直都游手好闲地度日。与我同龄的人都很有作为，他们都开垦了百亩沃田，但是到头来却还没有一席之地，建了几舍房屋到最终却没有容身之地。而我虽然一生不稼不穑，却还

吃着五谷；虽然未置过片砖只瓦，却仍然居住在避风挡雨的房舍之中。"

说着，老翁露出了得意的笑容，说出了自己最想说的话："我现在是不是可以嘲笑他们忙忙碌碌劳作一生，最终却换来一个早逝呢？"

老翁想，这个问题应该可以难倒老子了。谁知，老子却微微一笑，对老翁说道："老先生，麻烦你帮我找来一块儿砖头与石头。"片刻，砖头和石头被呈了上来。老子说道："如果现在让你从中选择一个，您是要砖头还是石头？"

老翁听罢哈哈大笑起来，最终指着砖头说："我当然是择取砖头了。"老子也跟着笑，问道："你为什么选择砖头呢？"

老翁却不以为然地说："这还不简单吗？因为石头没棱又没角，取它何用呢？"

老子又转身来问围观的其他人："你们是要石头还是要砖头？"

"砖头，砖头！"大家异口同声地叫了起来。老子又说："那我再问问你们，是石头的寿命长呢，还是砖头的寿命长呢？"

众人都不假思索地说："肯定是石头！"

这个时候，老子才慢慢说道："你也知道石头寿命长，可是为什么要选择寿命短的砖头？它们的区别不过是有用和没用罢了。天地万物莫不如此，寿命虽短，于人于天都有益，天人皆择之，皆念之，短亦不短；寿命虽长，于人于天无用，天人皆摒弃。"

老子如此一番话，说得老翁顿时大窘，异常佩服老子对人生的理解。

人生就如同石头与砖头一般，石头虽然轻松，但是它感受不到生命的任何精彩；而砖头能够在各个领域中发挥自己的优势，这是石头不可能体会到的。在短暂的生命中做出成就来，远比在长久的生命中碌碌无为要精彩得多，人生的真谛也是如此。活要活出意义来，没有任何意义的人生，即便活得再长，也无法创造价值，只是在虚度光阴，让自己的灵魂空虚罢了。

有一个和尚，在寺庙中整天念经，经常感到心烦。

一天夜里，他做了一个奇怪的梦，梦见自己去阎罗殿的路上，看到一座金碧辉煌的宫殿，同时，宫殿的主人看到他后，就请他留下来居住。

小和尚说："我每天都忙于念经和学习佛法，现在每天只想吃，想睡，我非常讨厌看书。"

宫殿主人答道："如果是这样的话，那么世界上再也没有比这里更适合你居住地方的了。我这儿有丰富而美味的食物，你想吃什么就吃什么，不会有人来打扰你。而且，我保证没有经书给你看，你也不用去刻意领悟佛法！"

听罢此话，小和尚就高高兴兴地住了下来。

在开始的一段日子中，小和尚每天除了吃，就是睡觉，感到异常快乐。渐渐地，他觉得有点儿寂寞和空虚，于是就去见宫殿主人，抱怨道："这种每天吃吃睡睡的日子过久了也没有多大意思，我对这种生活已经提不起一点儿兴趣了。你能不能给我找几本经书看看，或者时不时地给我讲几个佛祖的故事听呢？"

宫殿的主人答道："对不起，我们这里从来不曾有过这样的事，你还是待在这里好好地享受吧！"

又过了几个月，小和尚感到内心空虚极了，就又去找宫殿的主人："这种日子我实在是过不下去了。如果你再不给我经书念，我听不到佛法，我宁愿去下地狱！"

宫殿的主人轻蔑地向他笑了笑："你以为这里是天堂吗？这里可是真正的地狱呀！"

人活着就需要思考，需要劳动，如果你整天生活在安逸之中，衣食无忧，表面上看似享受，其实无异于活在地狱中。长时间将自己浸泡在安逸之中，人也无异成了行尸走肉。

所以说，一个人最可怕的行为，就是丧失了理想，没有了进取心，一味只想着去追求享乐，让心灵处于一种空虚的状态中。这样只会让你越来越堕落，不会珍惜你所得到的东西，也不会对周围的事物心存感激，更不容易得到满足，如此一来，自然会被坏情绪所缠绕。相反，如果一个人的生活是充实的，那么，他就很容易收获快乐，珍惜自己所拥有的，对周围的事物心存感激。因此，无论你是腰缠万贯的富豪，还是一贫如洗的穷困人，永远要记住，只有树立自己的理想，做出真正的成绩，才能切实地体会到生活赋予你的精彩。我们可以在经济上贫困，但绝对不能让自己在精神上也打折。所以，我们要时刻反省自己是否处于碌碌无为的状态之中，是否也甘愿长期生活在安逸之中。尽早让自己从迷惘的状态之中觉醒吧，让自己在创造与奋斗之中感受到生命的真正精彩！

2. 梦想是一种让人感到坚持就是幸福的东西

作家石康说："在写作中，我只是对我看到的现实做出描述，我每天都很忙碌，写剧本谈生意，我认可现实，同时，要自己埋头苦干，我的心情不错，根据常识，一个人怀抱梦想，做出计划，并眼看着梦想在奋斗中慢慢变成现实时，还有人说我颓废吗？"

当一个人追求梦想的时候，他就很容易获得快乐和幸福。正如电影《中国合伙人》中所说，梦想就是一种让你感到坚持就是幸福的东西。不可否认，人生莫大的幸福，无非就是有事做，有人爱，有梦想可追。

詹姆斯·纳斯美瑟少校是世界上著名的高尔夫球运动员，他发明了一种独特的练习高尔夫球的方式。在成为世界冠军之前，他的球技和一般人差不多。他的球技是在监狱中得到提升的。

纳斯美瑟少校曾在德国战俘营中度过7年的时间，7年间，他就被关在一个只有4尺半高、5尺长的笼子里。在绝大部分的时候里，他都被囚禁着，看不到任何人，没有人和他说话，也没有任何的体能活动。起初，这种生活令他绝望、空虚、寂寞，他时常一个人莫名其妙地会用拳头击打囚笼的栏杆以发泄心中的愤怒。后来，他了解他必须找到某种方式，使之占据心灵，不然他会发疯或者死掉，于是他开始给自己树立梦想，并学习建立"心像"。

在他的心中，他选择了他最喜欢的高尔夫球，并开始打起高尔夫球。每天，他在梦想中的高尔夫乡村俱乐部打18洞。他体验了一切，包括细节。他看见自己穿着高尔夫球装，闻到绿树的芬芳和草的香味儿。他体验到了不同的天气和状况——有风的春天、昏暗的冬天和阳光普照的夏日早晨。在他的想象中，球杆、草、树、鸣叫的鸟、跳来跳去的松鼠、球场的地形都历历在目。

他感觉自己的手握着球杆，练习各种推杆与挥杆的技巧。他看到球落在修整过的草坪上，跳了几下，滚到他已经选择的特定点上，一切都在他心中发生。

在真实的世界中，他无处可去。所以在他心中他向着小白球走去，好像他的身体真的在打高尔夫球一样。在他心中打完18洞的时间和现实中一样，一个细节也不能省略。他一次也没有错过挥杆左曲球、右曲球和推杆的机会。

一周7天，一天4个小时，18个洞，7年，少了20杆，他打出74杆的成绩。

一个心中怀揣着梦想的人，任何事物也抵挡不住他坚持的力量。因为在他心中，那是一种莫大的幸福和快乐。所以，要不被坏情绪所打扰，做一个幸福的人，让自己的生命有不竭前进的动力，那就树立起自己的梦想吧，它会让你的生活充满色彩，让你的生命焕发激情。

可以说，梦想是我们获得幸福生活不竭的动力，一个人如果失去了梦想，就算他家财万贯，就算他家庭生活和谐十足，其灵魂也是空洞的，生活也是缺乏色彩的。

早期的太空英雄巴兹·奥尔德林在自己成功地登陆月球后不久就精神崩溃了，他的亲朋好友都对他的遭遇感到极为困惑，因为奥尔德林在登月之后，其感情和家庭方面都是春风得意的。

几年后，奥尔德林在他撰写的一本书上回答了周围人对他的这种疑问。奥尔德林这样写道："导致我精神崩溃的原因很简单，因为我忘了自己在登月之后，自己该做些什么！自己如何才能继续生活下去。"

可见，真正幸福的生活是需要依靠梦想去支撑的。奥尔德林在完成了登月这个梦想后，再也感受不到生活的乐趣，找不到属于自己的生活方向，最终使自己的精神崩溃，主要就是因为失去了梦想的支撑。梦想是人生的精神支柱，它比体贴的丈夫、温柔的妻子、乖巧的孩子以及物质财富，更能给人带来幸福感。所以，如果你时常感到迷惘，生活失去了方向，或者感受不到生活的精彩，那就从现在开始树立自己的梦想吧！

3. 负重的人生才能稳当远行

生活的真谛，在于拿得起和放得下。拿得起的时候，要有勇气与魄力，困苦前不退却，冷言下不止步，人生唯有负重前行，生命才有质感；放得下的时候，要有决心与胆识，不囿于得失，不悸于成败，唯有轻装前行，灵魂才能轻松。

有这样一个故事：

在浩渺的大海上，一艘在码头上卸载完货物的轮船突然遭遇到了大风暴，在暴风雨中不断地摇晃着、颠簸着，船上面的水手个个都惊慌失措，唯有船长镇定自若地指挥着："打开所有的货舱，立刻往里面灌水！"

水手们顿时感到不安和困惑："往船中灌水不是自找死路吗？"船长极为镇定自若地说道："大家见过根深干粗的大树被风刮倒吗？被刮倒的都是没有根基的小树。"

水手们半信半疑地照着做了。暴风巨浪比之前更为猛烈了，但是随着货舱中的水位越来越高，货轮渐渐地恢复了平稳。

这个时候，船长告诉那些松了一口气的水手道："一只空木桶，是极容易被风浪所打翻的，如果装满水负重了，风是吹不倒的。船在负重的时候，是最为安全的；空船，往往才是最为危险的。"

负重的船只才最安全，才能远航，到达梦想的彼岸。而人生又何尝不是如此呢？那些胸怀大志的人，沉重的责任感时刻压在心头，砥砺着他们的坚稳脚步，不计较个人得失，不被坏情绪所困扰，一心一意地从岁月和历史的风雨中坚定地走了出来。而那些得过且过空耗时光的人，就像一个没有盛水的木桶一般，往往一场人生风雨便把他们彻底打翻了。不可否认，在漫漫人生旅途中，如果生命的担子太轻，一切养尊处优，就会精神空虚，迷惘无聊，经常纠结于小事情，被生活的琐事所缠绕，常陷入负面情绪中无法自拔，这样的人生注定是无任何价值的。正如一位老太太所说：年轻人你不去旅行，不去冒险，不去谈一场恋爱，不去尝试没试过的生活，只是每天挂着 QQ，刷着微博，逛着淘宝，做着 80 岁都能做的事情，你要青春有什么用！

米兰·昆德拉曾说到："一切重压与负担，人都可以承受，它会使人坦荡而充实地活着，而最不能承受的恰恰是轻松。"生活中，一个人如果没有压力，松松垮垮、无所事事，会在闲散中消磨自己的锐气，钝化自己的意志，这样的人生只会得到莫名的空虚、寂寞、孤独和忧愁。

要知道，生命的过程，不是轻歌曼舞，更不是雅阁品茗，生命的意义在于负重前行，在于勇敢地承担各种各样的责任。负重的人生虽然会经历各种各样的磨难与不幸，但这种磨难与不幸只会成为你生命中最宝贵的财富，让你的生命变得更有韧性。

花儿经历严寒才更显娇艳，宝剑经过磨砺才更显锋利，海燕经历了暴风骤雨才变得矫健，扁舟在惊涛骇浪中因为负重而增加平稳，同样，我们每一个人的生命也会因适当的负重而精彩。负重不但不会压垮我们坚挺的脊梁，反而让我们的生命更加精彩、更加辉煌。记住：轻松的人生不一定优裕，却注定会平庸。

4. 所谓的迷茫，就是才华配不上梦想

当你在事业上感到迷茫时，一定不要在梦想面前举棋不定，徘徊不前，而要在才华上卧薪尝胆，反思它为什么不能日渐丰满。反思后，如果你觉得自己有大才华，那就勇敢去追求梦想，如果你觉得自己还远远地触摸不着梦想，那就安静下来，扎进小的失败和挫折中，汲取营养，不断提升自我。

一天，一位衣衫褴褛、满身补丁的年轻人走过一所大楼的工地前，看到一位衣着体面的大老板在指挥现场的工作。他便鼓足勇气向对方请教："我如何才能成为像你一样的成功者呢？"

这位老板看到年轻人甚感意外，低头打量了一下这个年轻人，问道："你是做什么的呢？为何如此狼狈？"

年轻人说："我现在没有工作，只是想利用更多的时间去探究成功人士的成功秘诀。希望这样可以让自己找到成功的捷径。我已经拜访过好多位成功人士了，但是终无所成，内心异常焦虑，希望你能够告诉我！"

老板听到此话，哈哈大笑起来，随后就给他讲了一个小故事。

在一个开凿渠道的工地上，共有三个工人。第一个工人整天都懒洋洋地拄着铲子，天天用不屑的口气对其他的两人说，自己将来一定要做老板；第二个工人则是天天抱怨工作时间太长，得到的报酬低；而第三个工人从来没说过什么话，只顾每天低头努力挖渠道。

两年以后，第一个工人仍旧拄着铲子，依然每天都在不停地嚷着自己以后一定要当老板；第二个工人则找了个借口退休了，从此不再干活了，

生活当然变得很惨；第三个工人最终不仅成了那家公司的大老板，而且还让公司的发展更上一层楼。

最后这位老板说："年轻人，不要再将自己置于虚无的幻想中了，埋头苦干才是最重要的。"

看到年轻人满脸的疑惑，老板又看了看四周，回过头来指着那些正在架子上工作的工人，对年轻人说："你看到那些正在干活的人了吗？他们全都是我的工人，我虽然无法记住他们的名字，甚至对很多人都没有印象，但是，你仔细看他们之中，只有那边那个穿红衣服、脸晒得红红的家伙，以后可能会出人头地的。因为我很早就注意到他了，他每天都比其他人早上班，而且干活比谁都卖力。"随后，大老板又笑着说："我现在要请他过去做我的监工，我相信，从今天开始他会更加卖力的，说不定在几个月后就会成为我的得力助手。"

其实，生活中，许多人在工作中感到空虚、迷惘、失落、焦躁，皆是因为才华跟不上梦想：想做的做不了，能做的又不愿意付出努力去做，只是在不停地抱怨、烦恼。

张洁是一家杂志社的编辑，经常向同事抱怨自己的痛苦：不受领导重视，工作难度大，工作太累人。每次抱怨完，她都信誓旦旦地说自己找到合适的机会就马上辞职。可是，几年过去了，她仍旧在自己的岗位上，除了抱怨，还是硬着头皮做那些她根本不愿意做的工作。

其实，做一个好的编辑是张洁毕业时候的梦想，如今她已经在原单位工作3年多了，仍旧一事无成，还在跳不跳槽的问题上纠结不已。虽然她经常因为这样或那样的问题被领导批评，但是每次完事后，她都是发心情，抱怨一通了事，几乎没有冷静努力地修正自己的错误。下一次，遇到同类问题，同样的错误还照犯不误。

一次，她与同事刘静合写一篇人物专访的稿件，刘静采访完，整理好资料后发给她，并让她把里面的错字、错句修改一下。可她看都没看，就直接发往主编那里，最终，主编又把她和刘静训斥了一番。刘静告诉她说："你之所以每天都说自己迷茫，是因为你从来没有认真地做过一件事情。"

不可否认，张洁不是被领导和其他人否定的，而是被她自己否定的。既然她把做一个好的编辑作为今后的梦想和事业，那就该从点滴开始，按照好编辑的要求去训练自己。可是她并没有，说白了，在工作这件事上，她总是吊儿郎当，别说领导不尊重她，就连和她合作的同事都讨厌她。她所谓的迷茫，就是作为一个编辑的才华，还配不上她想作为一名好编辑的梦想。这怪不得别人，其实在她入职的 3 年多时间里，她完全可以改变自己实现自己的梦想，但她却没有让自己的才华和能力，哪怕增长一点点，到最后，只能给自己一个迷茫的定位，艰难度日。

其实，对于那些爱抱怨的人来说，克服迷茫的方法，无外乎就是抓住现有的生活，努力地向前，努力让自己做得更好一点儿，而不是站在那里，仰望天空，抱怨梦想的遥远。故事中的张洁如果能够认真地对待每一个稿件，即便她的起点很低，三五年的时间内，也足够完成一个华丽的转变，而不是像她现在这样，如同刚毕业的大学生一般，只会抱怨生活的艰难和工作的不适。

所以，那些大喊迷惘的人，不要再无病呻吟，埋下头把当下的、手头的工作做到极致，梦想自会主动来找你。

5. 请为自己的人生做一个规划

世事是无常的，自然的花开花谢，人世的生离死别，都是大自然无法逆转的规律。我们要想让自己精彩地过好每一天，不让自己沉沦在虚拟的幻想中，就要及早为自己的人生做一个规划，这样才能时刻提醒自己要勇猛精进，不至于等到时光离去的时候才后悔人生的虚度！

一个冬夜的傍晚时分，父亲安静地坐在火炉旁，为他的女儿讲故事。父亲看着7岁的女儿，慈祥地说道："世界上共有四种马：第一种是绝等的良马，主人为它配上马鞍，套上辔头后，它奔跑的速度快如流星，能够日行千里。尤其可贵的是，当主人一扬起鞭子，它只要见到鞭影，便能够知晓主人的心意，迟速缓急，前进后退，都能够揣度得恰到好处。这就是深受世人称赞的能够明察秋毫的一等良马。

"还有一种马也是好马，当主人的鞭子抽过来的时候，它看到举起的鞭影，不能马上警觉。等到鞭子扫到了它尾巴的毛端时，它才能够知晓主人的意思，便会马上向前奔驰飞跃，也可以算得上是反应灵敏、矫健善走的好马。

"第三种则是一种庸马，不论主人多少次扬起鞭子，它看到扬起的鞭影，不但不能迅速地做出反应，甚至等皮鞭如雨点般地抽打在它的皮毛上，它都始终无动于衷，反应极为迟钝。等到主人鞭棍交加，将皮鞭落到它的身体上时，它才能够察觉到，然后才会顺着主人的命令向前奔跑，这等马是后知后觉的庸马。

"第四种则是一种驽马，当主人扬起鞭子时，它视若无睹；即便是将鞭棍抽打在它的皮肉上，它也仍旧毫无知觉。直至主人盛怒之极，它才能如梦初醒，放足狂奔，这种马是愚劣无知的驽马，因为它的冥顽不化，最终不受人喜爱！"

父亲将话说到这里，突然就停顿下来，用极为柔和的眼光看着女儿，告诉她说，这四种马就分别对应的是四种不同的人生。第一种人看到自然无常变异的现象，生命陨落的情况，便能够猛然警惕，奋起直进，努力去创造一个崭新的生命。第二种人则是看到世间的变化无常，看到生命的大起大落，也能够及时地鞭策自己，从不懈怠。第三种人则是看到自己的亲友经历，看到颠沛流离的人生，经历过死亡的煎熬，非要等到亲尝到鞭杖的切肤之痛后，方能幡然醒悟。第四种人是当自己病魔侵身、亲朋离散，风烛残年的时候，才悔恨当初没有及时努力，在世上空走了一趟。就像第四种马，非要受到彻骨的剧痛后，才知道奔跑，然而，一切却已经都晚了！

我们不想自己得到第四种马的悲惨结局，就要及早地为自己的人生做一个规划，这样才能时刻激发自己不断前进，才不至于在一切都结束的时候，去懊悔人生的虚度！

在生活中，有些人在前进的道路上步步向前，极为充实；而有的人则止于中途，使心灵陷入迷惘，被负面情绪所困扰，其主要原因就在于，后者没有为自己的生命做好一个规划。卡耐基说过："我非常相信，及时地为自己的人生做个规划，是获得心理平静的最大的秘密，因为我心中时刻充满了信念。而我也相信，只要我们能定出个人规划来，什么样的事情都是值得我去做的。并且我能够清楚地知道自己的下一步该去做什么，我需要过一种什么样的生活。如此一来，至少可以消除掉我 50% 的忧虑！"

他的这种说法就像我们登山一样：如果是一条我们曾经走过的熟悉的道路，或者我们在出发之前仔细阅读过地图，便可以知道前面有些什么，知道再走几百米就可以休息，再走多远就有一处美丽的风景，这样有规划地走起来，会觉得自己的全身都充满了力量。如果我们的前面是一条完全陌生的路，那么，我们可能走几十米就会感到气喘吁吁，最终把自己累得苦不堪言。

有一位年轻人找到一位智者，向他倾诉自己对目前的工作不满意，希望能拥有更适合自己的工作，并能最终做出一番事业来，但是他不知道如何才能改善自己目前的状况，因此很苦恼。

了解到他的状况后，智者便问他："你想往何处去呢？"

"关于这一点，我自己实在说不清楚。"他犹豫了一会儿，回答道，"我从来没有思考过这件事情，只是想着要到不同的地方去。"

智者问道："你做过的最好的一件事情是什么呢？你最擅长的是什么？"

年轻人回答道："不知道。给你说吧，关于这两件事，我也从来没有明确地思考过。"

"假定现在的你必须做一个选择或决定，你想要做些什么呢？你最想追求的目标是什么呢？"智者追问道。

年轻人极为茫然地回答道："我现在真的说不出来。我真的不知道自己想做些什么。虽然我也曾觉得应该好好计划一番才是……"

智者说："那我可以这样告诉你，现在你想从目前所处的环境中转换到另一个地方去，但是却不知该往何处，这是因为你根本不知道自己能做什么，想做什么，你从来没对自己的人生做过规划，这样即便你再换一个环境，也会陷入这样迷惘的状态。"

在前进的旅途中，我们要对自己的人生做出合理的规划，一定要详细地了解自己，清晰地知道自己究竟需要什么，追求什么，我们目前做的事情是否与自己的规划一致，这样才不至于使自己在半途中突然停滞下来，感到迷惘。

6. 漫漫人生，随时都可以是起点

一位哲学家说："在人生绝望的那一刻，往往是新的希望的开始。一切危机的尽头，往往是转机，山穷水尽的地方，往往会柳暗花明。"其实，这个世界上从来没有真正的绝境，有的只是绝望的思维，只要心灵不干涸，就能摆脱迷惘，看到光明的希望。

生活中，当工作遇到不顺、事业陷入绝境、生活坠入困境时，多数人都会被负面情绪所淹没：沮丧、绝望、不满、愤怒等时不时侵袭我们的心灵。对此，日本作家中岛薰曾经这样说："认为自己做不到一件事情，只是我们的一种错觉，在开始做某事前，我们往往首先去考虑能否做到，接着就开始怀疑自己，最终只会让自己背上沉重的思想包袱，真正行动起来也会步履维艰。"要知道，一个人只要还能思考，心中还充满着梦想，就随时可以是起点。

人生各个时候都充满了机遇，随时可以重新开始，不受年龄的限制，更没有性别之分，只要你有决心与信心，即便到了自己年迈的时候也能够实现。

在美国的一个小镇上，一位作家拜访了一位84岁的老学者。在学者那间狭窄的书房中，作家向学者倾诉了自己内心的困惑。

学者说："你应该抓紧现在和未来的日子。"

作家说："是的，我正在尽力。但是我已经浪费了几十年时间。"

学者摇摇头说："达尔文说他贪睡，把时间浪费了，却写出了《进化论》；奥本海默说他锄地拔草，把时间浪费了，后来成为'原子弹之父'；海明威说他打猎、钓鱼，把时间浪费了，终于获得了诺贝尔奖；居里夫人说她为孩子和家务，浪费了时间，然而她不但发现了镭，而且还把孩子教养成了科学家。"

作家大喊："这些人都是天才！我只是个平凡人，愚蠢的平凡人！"

"你有权评定你自己是愚蠢的平凡人。但我说，只要你有重新开始的勇气，有目标，任何时候开始都不晚，因为没有人能阻止你思考和研究。他们自以为浪费了时间，实际上并没有浪费。"

"但是，我年纪已经这么大了啊！"作家困惑地说道。

"我70岁那年，拟订完成一个需要10年才能完成的研究计划。当时，我向一位30多岁的年轻朋友谈到这个计划，他笑了笑。我知道他为什么笑。在他看来，70岁的老人，时日已不多，还能做些什么？10年过去了，我的工作如期完成，仍然在实验室里忙着。"学者挺了挺胸，笑了。

"你那位年轻的朋友呢？"作家问。

"不再年轻，已经中年啦！"

"对他来说，这10年来，应该是黄金年龄，相信有很不错的成绩。"

"没有，他也承认过去的10年是空白，真正的空白。"

"为什么？"

"依旧庸庸碌碌地生活。10年，一眨眼就过去了。"

这一番话，如当头一棒，作家惊呆了。

人生只要有想法，有目标，什么时候都可以是起点，这也是伟人与平庸者的区别，是聪明人与愚蠢者的重要分水岭。

在生活中，我们一定也见过那些走在崎岖路上的人，因为内心有太多的"不敢"在人生的起点上徘徊不已，在"不舍"的泥潭中越陷越深，或许你本身也有过这样的煎熬。然而，为什么明明知道自己已经走错了，还不愿回头呢？明明体会到自己在错误的深渊中痛苦之极，却仍然不愿意逃离出来呢？大多数是因为我们害怕有太多的惨不忍睹的失败。

　　谁都害怕重新开始，谁也不想放弃前面已经付出过的所有努力。其实，面对这样的情况，我们都应该明白如何选择，只是内心充满着不舍，但是只要你转换个角度想一想，明知这条路不适合自己，再走下去的结果也必定是枉然，何不勇于舍弃从前，重新开始一段新的旅程呢？

　　不要因为自身的惰性而让自己在痛苦之中越陷越深，也不要因为对前方的目标很迷惘而让自己沉浸在恐惧之中无法自拔。要知道，生命的潜能是无限的，无论你处于人生的哪个阶段，只要心中存有梦想，从头再来，什么时候都不算晚。只要坚信自己的梦想，你的世界必定会是多姿多彩的。

7. 消除忧虑，及时化压力为动力

　　工作中，棘手的难题一个接一个，令人头痛时，人们总习惯把办公室看成地狱，却没有想过，地狱和天堂其实只是一念之差，消极看待会让你更加疲惫和痛苦。把挑战看成对自身能力的肯定，能享受到特别的惬意和满足感。

　　牛棚里有一头很瘦的牛，因为太瘦，所以主人很不喜欢它。为了得到主人的宠爱，它每天使劲儿地吃，只要有空闲它就不停地咀嚼干草。尽管有时候它已经吃得很多了，仍旧不停下来，最后竟然撑死了。

　　这个小故事告诉我们：凡事都要适可而止，为了变胖，只是一味地吃，最终只有落得十分可悲的下场。在工作中也是如此，面对大堆的任务，也要做到适可而止，否则也会严重地影响到自己的身体和心理健康。

不可否认，现代人都背负着极为沉重的生活压力，时常担心这个，忧虑那个，不仅会影响工作效率，还会引发一系列的身心疾病。所以，我们要学会及时调节。对此，你可以尝试一下所谓的"沙漏哲学"，既然你所忧虑的事不是一时半刻就能改变的，你就要用另一种心情去面对。

第二次世界大战时期，丽莎肩负着极为沉重的任务，她每天都会花很长的时间在收发室里，努力整理在战争中死伤和失踪者的最新纪录。

源源不断的情报接踵而来，收发室的人员必须分秒必争地处理，一丁点儿的小错误都可能会造成难以弥补的后果。丽莎的心始终悬在半空中，小心翼翼地避免出任何差错。

在压力和疲劳的袭击之下，丽莎患了结肠痉挛症。身体上的病痛使她忧心忡忡，她担心自己从此一蹶不振，又担心是否能撑到战争结束，活着回去见家人。在身体和心理的双重煎熬下，丽莎整个人瘦了34磅。她想自己就要垮了，几乎已经不奢望会有痊愈的一天。

身心煎熬，丽莎终于因体力不支倒地，住进医院。

军医了解到她的状况后，语重心长地对她说："丽莎，你身体上的疾病没什么大不了，真正的问题出在你的心里。我希望你把自己的生命想象成一个沙漏，在沙漏的上半部，有成千上万的沙子，它们在流过中间那条细缝时，都是平均而且缓慢的，除了弄坏它，你跟我都没办法让很多沙粒同时通过那条窄缝。人也是一样，每天都有一大堆的工作等着去做，但是我们必须一件一件地慢慢来，否则我们的精神绝对承受不了。"

医生的忠告给丽莎很大的启发，从那天起，她就一直奉行着这种"沙漏哲学"，即使问题如成千上万的沙子般涌到面前，丽莎也能沉着应对，不再杞人忧天。

她反复告诫自己说："一次只流过一粒沙子，一次只做一件工作。"

没过多久，丽莎的身体便恢复正常了，从此，她也学会如何从容不迫地面对自己的工作了。

人没有一万只手，不能把所有的事情一次解决，那么又何必一次为那么多事情而烦恼呢？对于不能及时改变的事情，你再怎么担心忧虑也只是空想而已，事情并不能马上解决，你应该试着一件一件地慢慢来，全心全意地把眼前的事情做好，当你全身心地投入时，忧虑和焦虑便会自然消失。

人生在世，会面对各种各样的压力，若你懂得调整自己，当压力一点一滴向你袭来时，你就会发现，压力反而是一种动力，只要按部就班，做好当下的工作，全身心投入进去，你的能力就会不断地推着你前进。

8. 勇敢地选择自己喜欢的工作

卡耐基说，每个人的人生中，都会面临两个选择：第一，你将选择谁做你孩子的父（母）亲；第二，你将选择一个什么样的工作。这两个选择和你的幸福息息相关，它们既可以造就你，也可以毁掉你，所以我们一定要重视起来。

人的坏情绪或者坏脾气有些源于工作：工作不顺心，心情会烦躁；与同事因为一个方案发生争论，心情会郁闷；方案被领导否定，心情会沮丧……其实，这些烦恼都源于一个原因：那就是对目前的工作还不够喜欢。人在从事不喜欢的工作时，上班就成了一种负担，成了一种应付，那么一遇到不顺便会烦躁不安。

毕业于北大中文系的刘忠，因为善于写作，所以就到一家报社任编辑，他为人忠厚老实，本人也从内心喜欢这个工作，做得得心应手，个人价值得到了体现，无论多繁忙，工作多烦琐，他都做得很开心，也深受领导器重。

因为工作出色，领导就想提拔他做发行部主管。对于这个职位，刘忠并不想去，因为他并不善于做管理，但耐不住领导的动员，勉为其难答应了。

在这个职位上，刘忠干得很辛苦，但勉强称职。不久之后，领导又找他谈话，要让他出任销售部总监。他虽犹豫，但还是答应了，因为销售部总监这个职位薪水很高。然而，几个月下来，刘忠简直苦不堪言，他自己根本不善于做管理，尤其不善于协调上下级关系，他不光销售工作没做好，同事关系也受到影响。

生活中，很多人都在不适合的职位上劳心劳力，痛苦不堪，与其这样，还不如果断放弃，去选择自己愿意做和擅长做的工作，这样一方面可以减轻自己的压力，另一方面还可以让自己享受工作的乐趣，何乐而不为呢？

董娴是个快乐的女人，每天脸上都洋溢着幸福的笑容，有人问她为何如此幸福，她说道："白天我有一份自己喜欢的工作，晚上有一个自己爱的丈夫，这样算下来，我一天24小时心情都是愉悦的，还有什么理由不幸福呢？"

美国轮船制造商古利公司的董事长大卫·古利先生说："如果你喜欢你的工作，即使你的工作时间长，你也丝毫不会感到厌烦，而是感觉在做游戏。"这句话是很有道理的，当你喜欢你的工作时，你很容易取得成就，并且不会为自己的工作而苦恼。爱迪生在实验室里每天都工作18个小时，但是他并没有觉得辛苦，而是十分享受。因为他喜欢自己的工作，他也取得了巨大的成功。所以，在选择工作的时候，要尽量选择自己所喜欢的工作。

当然，一个人要选择自己喜欢的行业、岗位，首先应考虑的是自身的性格和兴趣。你只有在充分认识自己性格的基础上，尽量选择那些可以最大限度地利用现有的经验，并与自己个性爱好相符合的行业，才能让自己在工作中获得快乐的同时，做出成就来。

现实生活中，很多人选择工作或职业，都会为了所谓的"高报酬"、"面子"、"荣耀"等因素去选择一个自己并不喜欢的工作，最终只能在岗位上痛苦、抱怨。

你要知道，我们工作不仅仅是为了得到报酬，还是对自己人生的一种体验，如果你从一份工作中难以得到快乐和幸福，那么即便能拿到高的报酬，也是得不偿失。所以，从现在开始，你可以扪心自问：有没有觉得只要面对或提及工作，脑袋就像一团乱麻？有没有觉得你很难真正投入到工作中去？有没有觉得自己的工作让你很不开心甚至痛苦？有没有觉得很想换个工作？有没有觉得现在的公司根本没有当初想象的那么好？有没有觉得自己当初完全是为了生存压力而工作的，这份工作实在不适合自己？你从现在的工作中真正得到了什么，学到了什么？对你的工作有成就感吗？

对于上面的问题，多数的回答是肯定的，那么，你就该好好反思一下自己的工作是否适合自己了。这个时候，你必须学会选择，懂得放弃，重新认识自己，给自己一个明确的定位，然后选择自己所喜欢的。

9. 专注于一件事情，才不会白忙

当你把买 10 件衣服的钱用来买一件衣服，你的衣柜就经典了，你把做 10 件事的精力来做一件事，你的事业就经典了，你把情感聚集在一个人身上，你的爱情就经典了……沙可盖楼，米可果腹，两者掺在一起价值全无，做事专心点儿，做人才能潇洒点儿，才能集中精力有所成就。

许多人尤其是年轻人，经常为自己的前途忧虑重重、迷惘不已。遇人遇事总是怒气冲冲，乱发脾气。其实，这样的人从来没有专注于一件事情，最终只能白白浪费了许多宝贵的时光，让心中时常充满迷惘和不快。

俗话说：凡事预则立，不预则废。无论做事业、干工作，还是到一个地方去，只有专注于一个目标，才能心无旁骛地直线前进，才不会因为贪恋路边的风景而荒废了自己的人生。

一天，小亮和爸爸一起在田中插秧。一上午过去了，小亮插的秧看上去总是歪歪扭扭的，而爸爸插得却整整齐齐，就如尺子量过的一样。

小亮看到后极为疑惑，就问爸爸道："你是如何将秧苗插得这么直的？"

爸爸笑着说："其实这很简单，在插秧的时候，眼睛只要盯着一个东西，这样就能插直了。"

于是，小亮按照爸爸所说的，尝试插一排秧苗，但是，这次插的秧苗，竟然成为一道弯曲的弧线。

这是怎么回事呢？小亮十分不解。于是，爸爸问小亮："你眼中是否只盯紧了一样东西呢?"

"是呀,我盯住了那边吃草的水牛,那可是一个大目标呀!"小亮如此说。

爸爸笑着说:"水牛边吃草边向前走,而你在插秧苗的时候也会跟着水牛来回移动,等于你选择了一个会来回移动的目标,这样如何能将秧苗插直呢?"

小亮恍然大悟。这次,他选定了远处的一棵大树。小亮插完一看,插出的一排秧苗果然很直。

做任何事情一定要首先选定正确的目标,然后再专注于这个目标,才能有效率地将事情完美地完成,才不会让自己白忙,从而让自己背上沉重的精神压力。

有一位哲人如此说,哪怕是最弱小的生命,只要将全部的精力集中到一个目标上也会有所成就。而再强大的生命如果将精力分散开来,最终也只会一事无成。你有聪明睿智的大脑,有横溢的才华,但是,你若无法在前进的过程中专注于正确的目标,总是三心二意,等于是在白忙。不仅白白耗尽了自己的精力,也浪费了自己的时间,最终只会一事无成,让心处于迷茫之中。

在南美洲的亚马逊河边,有一群羚羊在河边悠然地吃着青青的水草。一只猎豹则远远地隐藏在草丛中,竖起耳朵四面旋转。它已经觉察到了羚羊群的存在,于是便悄悄地、慢慢地靠近羊群,越来越近了。突然羚羊有所察觉了,就开始四散地逃跑。猎豹就如百米赛跑运动员那样,瞬时爆发,像箭一般地向前冲向羚羊群。它的眼睛一直盯着一只未成年的羚羊,不停地向前直追过去。

羚羊为了逃命,跑得也飞快,但是豹子却跑得更快。就在追与逃的过程中,猎豹超过了一只又一只站在旁边观望的羚羊。它没有掉头改追离自己更近的猎物,而是一个劲儿地向那只未成年的羚羊疯狂地追过去。最终，那只羚羊跑得很累了，豹子也跑得很累了。终于，猎豹的前爪搭上了羚羊的屁股，羚羊迅速地倒在了地上，豹子便向羚羊的脖子狠狠地咬了下去。

在自然界中，一切肉食动物在选择追击自己的目标时，总是选择那些老弱病残的，而且一旦选定目标，一般都不会轻易地放弃。因为中途转向其他目标只会使自己损耗掉更多的精力，从而更难以达到自己的目标，最终只会一无所获。

所以，在生活中，我们也要借鉴动物的这种智慧。当我们在追求的过程中，一旦确定了自己的目标，就要专注于它，因为人的精力毕竟是有限的，真正的赢家会将自身的精、气、神集中于一击，这样才更容易达到自己的目标。

有人曾问爱迪生："成功的第一要素是什么呢？"爱迪生如此回答："能够将你身体与心智的能量锲而不舍地运用在同一个问题上而不会厌倦的能力……我们每个人整天都在做事。假如你早上 7 点起床，晚上 10 点睡觉，你做事就做了整整 15 个小时。对于绝大多数人而言，他们肯定是在做一些事情。而我则是每天只做一件。"

订书钉是我们工作中经常用的工具，然而，你在使用的过程中有没有想过，上百张纸摞在一起，连异常锋利的刀也极不容易一次性地穿过，那短短细细、看起来一点儿也不坚硬的订书钉，居然能够一下子穿透。其主要的原因就在于订书钉是将所有的力量都用在了两个点上，能够集中精力去达成目标。

如果一个人非常努力想将所有的事情都做好，那他最终只会一事无成。要在有限的生命中完成一流的事业，就必须有所选择，有所坚持，有所放弃，集中全部的精力专注地去做一件事情。

在现实生活中，有些人看起来很聪明，他们整日忙忙碌碌，能够同时做很多事情，给人的感觉是非常能干，但是到最后，这些人并不能真正做成什么事情。相反地，一些看上去能力一般、没什么出众才能的人，却能够成就一番伟大的事业。这都是因为他们能专注于自己的目标，内心从不彷徨，也不迟疑，集中精力奋斗到底。

一个人围着一件事情去转，到最后世界可能都会围着你转；但是一个人围着全世界去转，最终全世界可能会将你抛弃。在前进的道路中，一切浅尝辄止、见异思迁者的内心是迷惘的，最终也收获不到成功的果实。只有准确地选择好属于自己的"一件事"，并全身心地投入到那"一件事"中，不轻易放弃，也不轻易改变前进的方向，内心才不会迷茫，最终才会有所收获。

10. 摒除杂念才能集中精力向前

人生路上，那些阻碍我们的往往不是前面的大山，而是一些细小的杂念，它看似无形，实则力量强大，能摧毁我们的意志，拉低我们的身份，摧残我们的身心，削减我们的热情，毁掉我们的目标。所以，判断一个人是否能成事，要看其能否摒弃杂念，不庸人自扰，集中精力奋力向前。

生活中，那些扰乱我们达到目标的，往往不是那些艰难险阻，而是对自我情绪的把控能力。比如你已经给自己做好职业规划，可却会因为一件小事与领导闹矛盾，一气之下辞掉了工作，中断了自己的职业发展道路；本来安排好的旅游行程，却因为临时的心情不好而取消；本来和朋友约好好好玩儿一天，却会因为一句不起眼儿的争吵而让自己心情沮丧……诸如此类的事情层出不穷。

有一位年轻人刚刚走出校门，很想做一番大事业，但却对现实的状况感到迷惘，他向教授倾诉自己诸多的烦恼：没有考上研究生，不知道自己未来的方向在哪里；女朋友将要去一个人才云集的大公司上班，很可能会移情别恋……

教授听罢微微一笑，让他将所有的烦恼一个个地都写在了纸上，并让年轻人判断自己的所有担心是否是真实的，并将结果记在旁边。

经过实际的分析，年轻人竟然发现自己的所有困扰都是不真实的，看着眼前的那张困扰记录，不禁说道："无病呻吟！"教授注视着眼前的一切，微微对他点头，并接着对他说："你看到过大海中的章鱼吗？"年轻人茫然地点了点头。

"有一只章鱼，在大海中本来可以自由自在地游动，寻找食物，欣赏海底世界的美丽景致，可以享受到生命的丰富情趣。但是，它却给自己找了一个珊瑚礁，然后将自己困在绝境之中，你觉得你是否像那条章鱼呢？"

年轻人说："真的很像！"

于是，教授就提醒他说："当你陷入烦恼的习惯性反应时，就要记住你就是那条章鱼，要松开你的八只手，才能让自己自由地游动。系住章鱼的是自己的手臂，而非海中那些珊瑚礁的枝丫。"

在现实生活中，很多人都如故事中的年轻人一样，在前进的道路上无端地让自己内心生出许多烦恼，然后将自己困在绝境之中，动弹不得。其实，就如那位教授所说，许多烦恼都是自己造成的，只要你松开手，就能够自由地游动。在生活中，我们所做的每一件事情，都会有两道墙出现在前方，一道是外显的墙，那是关于整个外部大环境的围墙；而另一道是我们内心所隐藏起来的墙，这是我们心中为自己所设限的墙，而决胜的关键就要看你能否用坚强的意志去突破心灵中藏着的那道墙。

国际著名的登山爱好者罗赛尔，曾经常会在没有携带氧气设备的情况下，成功地登上海拔高达6400米以上的高峰，这其中还包括世界第二峰

——乔戈里峰。

其实，世界上许多的登山高手就以不携带氧气瓶登上乔戈里峰为自己的第一目标。但是，几乎所有的登山高手只登到海拔6000米左右处，就无法继续前进了，因为这里的空气极为稀薄，人几乎会感到窒息。所以，对登山者来说，想要靠自身的体力与意志独立去征服乔戈里峰，确实是一项极为严峻的考验。

然而，罗赛尔却突破了种种障碍到达了目标。他在接受记者采访时，说出了自己的登山经历。

罗赛尔认为，在突破海拔6400米的登山过程中，他最大的障碍就是内心各种翻腾的欲念。因为，在攀爬的过程中，你头脑中的任何一个小小的杂念，都会松懈人内心原本坚强的意念，转而变得渴望呼吸氧气，慢慢地让人失去征服的冲动与动力。随后，"缺氧"的念头就会产生，最终让人放弃征服的意志，接受失败！

罗赛尔说："想要登上峰顶，首先要学会清除内心的各种杂念，脑子中的杂念越少，你的需氧量就会越少；你的杂念越多，你对氧气的需求就便会越多。所以，在空气极度稀薄的状态下，必须排除内心的一切欲望与杂念！"

在生活中，很多人费尽心机也无法成功，其主要的原因就是自我设限，因此人们常说"自己是自己最大的敌人"。一个人也只有靠自己的意志力，摒除脑海中的各种杂念，才能战胜困境，成为最后脱颖而出的人。

在前进的过程中任何的停滞与迟疑的念头，都会让人忘记前进，甚至失去了起步时勇往直前的冲劲。所以，要想步向成功，必须摒除各种杂念，努力往前跨出步伐，勇于突破并且超越现状。

要摒除杂念，实现自我突破的重要一点就是要面对现实，切实地了解自我并清晰地认清环境，在自我与环境中摸索出突破的方向。

同时，还要审视自我的优势、加强自我优势，当你发挥自我优势时，你就会对自己充满信心，成就感随之而来，你的信念就会越强，做事的活力也会源源不断地涌出来。如此一来，当你遇到困难，不但不会退缩，反而更能激起你突破的热情，直至成功！

已经走到半山腰的你，还记得开始出发时对自己喊加油的声音吗？找回你盎然的活力，全力向前冲刺，就像罗赛尔所说，只要排除杂念，只要坚守住最初的梦想，只要发挥自身优势，并坚守住起步时非成功不可的意志，我们最终都能够告别迷惘，迎向充满希望的未来！

11. 与其为处境烦躁，不如学着改变自己

> 抱怨好比口臭，当它从别人的嘴里吐露时，我们就会注意到；但从自己的口中发出时，我们却充耳不闻。改变自己的说话方式，不要再抱怨。改变你的言语，改变你的思维，你就能改变你的人生。

俄国伟大的文学家托尔斯泰说："世界上只有两种人：一种是观望者，一种是行动者。"前一种人总是抱怨自己周围的环境有多么不尽人意，阻碍了自己的发展。工作丢了，怪领导没眼光；人情冷漠，怪同事不友善；住房不好，交通不便，行业前景不佳……将种种不满一股脑儿推给社会，总是苛求客观因素不如意，而自己完全像没事人似的，主观上不作为。随着岁月的流逝，年龄的增长，最终才发现自己一事无成。而后一种人，从来不埋怨现实的残酷，只是用自身的行动去努力地适应环境，在前进的道路上不畏艰险，最终做出成绩来。

生活中难免有不如意之事，若你要抱怨，生活中的一切都会成为你抱

怨的对象；若你不抱怨，生活中的一切都不会让你抱怨。因为，环境不会因你的抱怨就马上变化，所以当事实摆在面前的时候，你不应该一味地去抱怨，而要靠自己的努力来适应现状，并用行动去改变现状，这样才能祛除内心的不满。

很久以前，非洲有个国家，人们都不穿鞋，都是赤着脚走路。

有一位国君到某个偏僻的乡间旅行，因为路面崎岖不平，有很多碎石头，刺得他的脚又痛又麻。国君回到王宫后，随即下了一道命令，要将国内的所有道路都铺上一层牛皮。他也认为这是一件利国利民的好事，不只是为了自己，还可造福他的子民，这样人们走路时就不再受刺痛之苦了。

可是国土辽阔，就算是杀光全国的牛，也筹措不到足够的皮革，而所花费的金钱、动用的人力，更是不计其数。人们尽管知道这个事情不但难以做到，而且还相当愚蠢，可谁也不敢违抗国君的命令，只能摇头叹息。

后来，有一位聪明的仆人大胆向国君提出谏言："国君啊！为什么你要劳师动众，牺牲那么多头牛，花费那么多金钱呢？您何不用两小片牛皮包住您的脚呀？"国君听了非常高兴，当下领悟，于是立刻收回成命，采纳了这个建议。

也许我们不能改变世界，但是我们可以改变自己。如果你现在生活的环境让你感到不适应，不要抱怨，而是要首先改变自己，用爱心和智慧来面对这一切，要努力适应环境，而不是让环境适应你。

每个人都可以选择自己生存的环境，你可以选择屈服，也可以使自己变得更加坚强。反过来说，你也可以选择改变环境，让环境因你而改变。改变环境还是改变自己？这一切的结果只在于你是怎样想的。

一个刚踏入社会的年轻人，总觉得事事都太艰难。于是，他就去请教一位智者，他说："我认为自己快崩溃了，不知道该如何应付生活，对一切都很迷茫，觉得生活和学习的压力已经超过了自己所能承受的极限了。"

　　智者笑而不语，将他带进厨房中，往两口锅里分别倒了一些水，并分别放入一根胡萝卜和一个鸡蛋。大约煮了15分钟，智者将胡萝卜和鸡蛋捞出来放入盘子里。他问年轻人："盘子里是什么？"

　　"胡萝卜、鸡蛋。"年轻人这样回答。

　　智者让年轻人用手摸摸它们，年轻人发现胡萝卜被煮软了，而鸡蛋被煮硬了。

　　智者说："胡萝卜在入锅之前是毫不示弱的，它非常结实，但被开水煮过后，它却变软了，变弱了；鸡蛋原本易碎，它薄薄的外壳保护着它的蛋液，但是经开水一煮，它的内脏变硬了，变得更坚强了。"

　　生活如海上行舟，并不能一帆风顺的，每个人都会遇到这样或那样的困境。在困境面前，每个人都有权决定自己的态度和前途，假如你学胡萝卜，那么你将会被自己所处的环境打败；假如你学鸡蛋，那么你也会因环境而变得坚强。处于什么样的环境并不重要，重要的是你的选择：是选择一味抱怨，软弱地屈服于环境，还是用毅力去适应环境，使自己变得更为强大。

　　在威斯敏特教堂地下室，英国圣公会主教的墓碑上写着这样一段话：

　　当我年轻自由的时候，我的想象力没有任何局限，我梦想改变这个世界。

　　当我渐渐成熟明智的时候，我发现这个世界是不可能改变的，于是我将眼光放得短浅了一些，那就只改变我的国家吧！

　　但是我的国家似乎也是我无法改变的。

　　当我到了迟暮之年，抱着最后一丝努力的希望，我决定只改变我的家庭、我亲近的人——但是，唉！他们根本不接受改变。现在，在我临终之际，我才突然意识到：如果起初我只改变自己，接着我就可以依次改变我的家人。然后，在他们的激发和鼓励下，我也许就能改变我的国家。再接下来，谁又知道呢，也许我连整个世界都可以改变……

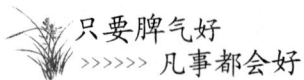

　　漫漫人生，人需要不断地去适应环境。如果不能改变环境，就改变自己。只有这样，才能克服更多的困难，战胜更多的挫折，实现梦想。如果你不能看到自己的缺点与不足，只是一味地去苛求周围的环境，或将改变境遇的希望寄托在改变环境方面，实在是劳心劳神，而又徒劳无益的事情。

第七章

好心态成就好人生，
好脾气才有好前途

很多时候，人的坏脾气源于内心的种种计较：他人无心的冒犯，会让你怒火冲天；下属无意的过失，会让你大发雷霆；上司的批评，会让你忍无可忍……要避免这些怒火，就要懂得谦和与忍让，学会宽容他人。正所谓"心宽路不堵"，一个人内心宽阔了，小事就不会过于计较，那么，坏脾气就不会轻易来打扰你了。

1. 宽恕别人，就是放过自己

宽恕具有一种仁爱的光芒、无上的福分，是对别人的释怀，也是对自己的善待，一个人的胸怀能容得下多少人，才能够赢得多少人。宽恕不受约束，它像细雨滋润大地，带来双重祝福：祝福施予者，也祝福被施予者。它力量巨大，贵比皇冠。

人生最珍贵和最难做到的莫过于一个"恕"字：面对别人的故意冒犯，面对爱人的背叛，面对亲友的背信弃义，面对上司的故意刁难，等等，多数人都难以做到宽恕，以平和的心态谅解对方，并重新接纳他们。最常见的就是心胸狭窄地斤斤计较、针锋相对，然后用怒气赶跑身边的每一个人。

其实，对别人心怀怨恨也是对自我的一种折磨，而宽恕自己，也就是放过自己，可惜生活中的多数人都不懂得这个道理，面对他人的种种冒犯，总会以仇恨相对，总想着用仇恨去惩罚对方，却往往伤害了自己。

陈丽和高枫可谓是青梅竹马，曾信誓旦旦地彼此承诺：这辈子非她不娶，这辈子非他不嫁。

后来，因为家庭的种种阻挠让他们的爱情变成了相互的一种折磨。无奈之下，高枫就和另外一个女人结婚了。陈丽听到这个消息，感觉自己的心都要碎了，万念俱灰。她想以死来了却此生。然而，正当她准备吞安眠药的时候，心中升腾出恨意来：就这样死去太便宜他了，要活下去，一生不嫁，并报复他，折磨他，让他愧疚一生，不安一生，痛苦一生。

随后，陈丽几乎每天都要到高枫家门前，不停地去打扰高枫的妻子以及他的孩子。当高枫主动和她搭话，一次次尝试向她道歉的时候，她却置之不理。她能感受到他所遭受的良心谴责，但看看自己孤灯清影的寂寞，她就觉得这一切都是他造成的，他必须付出代价，她坚持自己的报复。

就这样，陈丽每天都在痛苦中度过，终于在 54 岁那年抑郁而终。悲哀的是，直到生命的最后一刻，她也没有感受到报复带给她的任何快感，反而感觉自己的生命太过苍白。她不断地回味、咀嚼着自己的过往人生，发现自己从来没有一天快乐过。她的冰冷，让所有的朋友都远离了她，她从来没有真正对周围的人笑过。看着自己满脸的皱纹，满头的银发，她后悔了，后悔自己将一生都绑在了对他的仇恨上，后悔没有体验到做妻子、做母亲的美好……

仇恨只能永远让我们的心灵生活在黑暗之中；而宽恕，却能让我们的心灵获得自由，获得解脱。对别人心存仇恨，最终最受折磨的还是自己，陈丽如果能宽恕高枫，那么，也不至于让自己落得悲惨的下场。

其实，每个人的生活都逃不开这样的规则：所有敌对的开始就是悲剧的开始，面对一切人与事，你采取的态度其实就已经决定了整个事件的走向和结局。包容和接纳就会是祥和与喜剧，挑剔和敌对就一定是争吵和悲剧。既然你已经知道了结果是什么，那为什么不选择一个好的开始呢？

一位智者曾经这样说过："你必须宽恕两次。一次是你必须原谅你自己，因为你不可能完美无缺；另外你必须原谅你的敌人，因为你的愤怒之火只会让你变得更加愚蠢。"一个人的胸怀能容得下多少人，你就能够赢得多少人。所以，生活中，在与他人相处时，要学会宽以待人，即对他人不过分、不强求，以宽为怀，能让人时且让人，能容人时且容人。

有一次，几个哥们儿一起到陈林家去看球。

男人看球，总是离不开香烟。球赛结束，陈林和朋友才发觉，在不知不觉中，他们已经抽了三盒烟。陈林的妻子刘晓也一直在身边陪着他们。

但是，她竟然什么也没有说，只是在他们不注意的时候，打开窗子，让新鲜的空气进来。一个细心的哥们儿感到很奇怪，便笑着问刘晓："你怎么不制止我们这么抽烟呢？"

刘晓微微一笑，说："我也知道抽烟有害健康，但是，如果抽烟能让他快乐，我为什么要阻止？我情愿让我的丈夫快快乐乐地活到 60 岁，而不愿意他勉勉强强地活到 80 岁。毕竟，一个人的快乐是最重要的。"

3 个月后，一个哥们儿再次见到陈林，发现他已经完全戒烟了。问他为什么，他憨笑着说："她能那么为我着想，我也不能让自己提前 20 年离开她呀。"

其实，戒烟，本来是家庭中的一个矛盾焦点，但是，因为刘晓的宽容，这个夫妻间的冲突和争吵，就在平静中烟消云散了。

很多时候，宽恕就是将心比心地谅解对方的过错。仇恨、埋怨等，只会让你的世界越变越小，让你的人生之路越走越窄。既然退一步能海阔天空，我们又何必对眼前的是是非非斤斤计较呢？

莎士比亚忠告人们说："不要因为你的敌人而燃起一把怒火，热得烧伤了你自己。"这其实是在告诫我们，做人要学会容纳，学会宽恕别人。与人方便，也是与己方便。生活中，多为别人着想，能够时时将心比心，那你的人生便和谐了。

2. 遇事先忍一分钟，再动手去处理

> 心理学家指出，忍耐的实质就是：你要赚便宜你就赚，你想怎样那是你的事，随便。我能给你的，我给；我给不了的，你就找别人要去。至于别人是否给你，那就是你们的事了，与我无关。

一天，一位作家收到了一封信，写信的是一位中学生，在信中，中学生把他最近出的一本小说批得一无是处，甚至还对他的人格进行了侮辱和谩骂。

看到此信，作家顿时怒火中烧，内心的委屈自不必说。于是，他决定写一封批评和嘲笑的信对这位读者给予反击。

因为心中太过气愤，他一口气写了5张信纸，信中言辞激烈。信写好后，他刚想寄出去，才发现天已经很黑了。无奈之下，他只好把信放在抽屉中，打算第二天再寄。

第二天一大早，作家无意中看到了自己昨天写的信，脸突然涨得通红。他想：自己再怎么生气，来信者也不过是一个叛逆的中学生而已，而自己如此小气，以后还怎么面对万千读者的质疑和批评。于是，他以一句"感谢您的忠告"给对方回了信，最终那位中学生又给作家回了信，对他的大度胸怀表示敬佩。

从此之后，无论做什么事情，作家总是会先忍耐一天，再做考虑。

生活中，我们很容易被一些小事激怒，成为情绪的奴隶。要改变这种状态，让自己成为心态的主人，那一定要先让自己冷静下来，思考一分钟，如果是非常重要的事情，起码要给自己一分钟时间去平复心情，在心

情平复之后，再做处理，便能理智地面对所发生的事情了。其实，一分钟之后，你就会发现自己最初的举动有多么可笑，那就不容易做出让自己后悔的事情来。

比如，你正开车赶时间，但前面的车开得极慢，你要生气时，一定要先忍耐一分钟，停下按喇叭的手，静下心来想一想，也许那个人是第一天上路的新手，也许是工作中遇到了什么困难，情绪不好，也许是因为不顺心的事情才让他无法正常开车；比如受到领导批评了，你先学会忍耐一分钟，先别着急反击，静下心来想一想，也许领导今天遇到了特别棘手的事情，心情不好，或者与家人发生了矛盾，才导致情绪激动等，只要你想完了这些，那么，你的心情便不会再烦躁了，愤怒也自然烟消云散了。很多时候，只要你多一分宽容和理解，脾气就会变好许多。

王湘和老张结婚30多年，两人年轻时，因为工作原因聚少离多，如今退休在家，本以为可以过安稳幸福的日子了，但两人却经常因为鸡毛蒜皮的小事争吵不休。王湘对老王的不满越来越多：她嫌他整日游手好闲，嫌他烟瘾太大，嫌他睡觉打呼噜声音太大……没完没了的争执，让她觉得幸福离自己越来越远。

偶然一天，王湘在小区散步，遇到了昔日的同事刘姐。她怎么也未曾想到，退休刚一年，刘姐看上去似乎老了十多岁，憔悴得就像一片秋风中的落叶。仔细一聊才知道，半年前，因为一点儿琐事，刘姐和老伴儿大吵一架，结果把老伴儿气得心脏病发作，急送医院也没能抢救过来。失去老伴儿后，刘姐像失群的孤雁一般，备感凄凉、落寞与伤心……拉着她的手，刘姐悔不当初："当时和他吵什么啊，鸡毛蒜皮的事，有什么容不下的呢？"说起往事，刘姐老泪纵横。

回家后，王湘见老伴儿正趴在书桌上摆弄一盘新的围棋。她的怒火"腾"地冲了出来，喉咙里似乎有千军万马在奔涌："家里都有了那么多围棋，他怎么还买！"但她深深地吸了一口气，硬将涌到喉咙的话语又咽了回去。"1、2、3、4……"她在心里默默地数着。她告诫自己，数到"60"，自己再说话。可数着数着，心头的怒火竟然慢慢地消失了。不过是一盘围棋，他喜欢就买吧，虽然说他的退休工资不算高，但一盘围棋他还是买得起的啊。当她试着站在他的角度考虑问题时，所有的怒气就烟消云散了……

从那以后，无论遇到多么令她恼火的事情，她都不再大发雷霆，而是深吸一口气，在心里默默地数数："1、2、3、4……"她要忍耐一分钟后，再做决定。一分钟，60秒，短暂的瞬间，但奇怪的是，一分钟之后，她发现那些令她无法忍耐的事情，往往可一笑了之……而她脾气的好转，令老张异常惊喜，回报她的，是他更深的温柔与体贴：当她在厨房里忙碌时，他会悄悄地走来抱一抱她；当她外出迟归时，他会到楼下等她；当她为韩剧又哭又笑时，他会坐到她的身边并将她的手握在自己的掌心里……她的家，再也不见了弥漫的"硝烟"，取而代之的，是甜蜜与安宁，是温馨与浪漫。

遇事多忍一分钟，会让你升腾的怒气熄灭，以冷静和理智收获幸福，拥抱快乐。时间久了，能让你彻底改掉坏脾气，整个人变得平和、宽容。

所以，从现在开始，当你怒火中烧时，先克制自己，忍让一分钟，再去做决定，长时间坚持，一定会让你摆脱坏脾气的困扰，你的人生也将收获和谐与幸福。

3. 家不是讲理的地方

男人和女人吵架，男人吵的是理，女人吵的是情。到最后男人觉得女人不讲理，女人觉得男人不爱自己。这就是不要和女人讲理的原因。女人可以和你以外的任何人讲理，但你是她的全世界，这个世界里，理太无情，女人只希望感受到更多的爱。扯着脖子跟女人讲道理是一种伤害，她无非就是想要你爱她。只可惜，只有成熟的男人才懂得这一点。

家庭矛盾是人产生坏脾气的根源。夫妻两人在一起，就像牙齿和舌头，难免会碰撞产生摩擦。当夫妇之间开始据理力争时，家里便开始布上了阴影，人的情绪也开始变坏，严重影响人们的工作和生活。

周日，周怡趁丈夫和女儿不在家的时候，突然决定粉刷家里所有的墙面，给大家换一个温馨的居住环境。于是，她马上去买涂料，自己动手粉刷。工作快做完的时候，周怡满心兴奋，她想：如果丈夫和女儿一会儿回家推门而入，一定是满脸的惊喜和兴奋。

谁知，玩儿累了的丈夫带着女儿一回到家，看到家里被妻子搞得乱七八糟的，满地都是涂料的点子，还有挪动得乱糟糟的家具，瞬间怒从中来。他对周怡说："好好的墙面，没事干吗刷？这件事你怎么也不提前和我商量一下呢？"一连串的问题，显然是对周怡的举动感到不满。周怡的心一下凉了，说："我只是想改变一下我们的居住环境，给生活增加点儿色彩。"

丈夫振振有词："这可是一个项目，在项目开始之前，怎么也得征求一下相关人的意见。比如，咱们的女儿，如果她不喜欢你选的颜色怎么办?"周怡本来很累，听到自己忙碌一天的成绩被否定，不禁也怒从中来："我辛苦了一天，是为了谁啊!"

丈夫得理不饶人，说："你是辛苦，但是现在家里被你搞得一团糟，几天才能收拾完? 难道我们俩都不用上班了，都请假回来搬家具、搞卫生?"

听到这话，周怡越来越来气，说："你的意思是我给你带来麻烦了?"

就这样，夫妻两人你一句我一句，战火越烧越旺。本来是一个小矛盾，却因为双方的不体谅和不退让，最终演变成一场家庭大战。

周怡和丈夫的家庭矛盾，是一般夫妻都会遇到的：先前只是一件小事情，后来两人都为了表面的一个理，不自觉地各抱一堆的歪理，开始进攻对方，伤害对方，最终既伤了心，又伤了感情，只能是两败俱伤。殊不知，家不是一个讲理的地方，不是算账的地方，而是讲爱的地方。就像上述事例中，周怡的丈夫回到家如果能对妻子的辛苦赞扬一番，或者双方在战火开始前，懂得退让一步，那结果就可能完全不同了。

其实，家庭中，男人和女人争论的一些问题，诸如如何花钱之类的小问题，往往并不是真正的问题所在。对女人来说，她与男人争论的主要问题是"爱"，而男人争论的主要问题是"理"。在女人的思维里，如果男人对她的行为表示否定，不赞成，就表明他不够爱她和信任她，于是情绪便产生了。在男人眼里，因为习惯了逻辑思维，所以会认为有理走遍天下，于是就开始对女人摆事实讲道理，并列出一二三条给她听，可是最终却发现，她根本听不进去，而且还会用一大堆不是理由的理由反驳男人，如果她实在说不过男人，甚至可以要赖、撒娇。最终男人会说："你怎么不讲道理!"而女人则会直接说："我就是不讲理，怎么了?"

这个时候，男人和女人都会觉得无奈。男人疑惑：就这么一点儿小事怎么就是说不通呢? 女人怀疑：这个男人根本不爱她了，就这么一点儿小事还和我斤斤计较。没错，男人和女人的思维不同，是矛盾的根源。这个时候，要想解决矛盾，就要学会退让，学会放低姿态，尤其是男人，如果不是原则性的事，就不要计较了，再争吵下去，只会激发自己的坏情绪，既伤身又伤心，同时还伤感情，何必呢！

所以，聪明的女人是柔和的，是懂得低头的，是不会扭着脖子和男人据理力争的；而聪明的男人也是柔和的，是懂得退让的，在任何时候都会先让一步，以体贴、赞美和爱去化解女人心中的不快。

4. 学会感激你的对手

如果没有麦当劳，肯德基的汉堡不可能这么好吃；如果没有可口可乐，百事可乐不会如此壮大；没有狮子，羚羊永远也跑不快。真正激励一个人不断成功的，不是鲜花和掌声，不是亲朋的赞美，而是那些可以置人于绝路的打击和挫折，以及那些一直想把你打败的对手和虎视眈眈的同行。

每个人的生活中，都有一些潜在的对手：生意上的同行，职业发展道路上的竞争对手，考场上的同伴，与你同一届的竞选对手……谈及对手，总是让人想起战争，想起势不两立，想起你死我活……很多人遇到对手，便会怒气冲天，以敌视的态度面对他们。但是，真正的智者，会对对手心存感激。

正如一位哲人所说，任何学习，都比不上在与敌人较量的时候学得迅速、深刻和持久，因为它能使人更深入地了解社会，接触社会现实，使个人得到提升与锻炼，从而为自己铺就一条成功之路。所以，从一定程度上来说，我们要去感激你的那些对手、敌人，正是因为他们，才加速了自己成功的步伐。如果你能以一种宽容、感激的心态去对待你的敌人，那么，你将不再是一个悲观消极，面对失败、挫折、苦难掩面而泣的人，你会成为一个无往不胜的勇士。

所以，当我们走出困境或是取得成功的时候，在感谢那些曾经伸手帮助过自己的人以外，最应该做的就是要敞开胸怀去感谢你的对手或敌人。因为，你当下所取得的成就，敌人所起的作用与朋友是大体相当的，甚至远远地超越了你的朋友，因为成功需要顶住敌方的压力，从某种意义上是敌人给了你"反弹力"。但是，做到发自内心地感谢敌人不是件容易事，因为它需要宽广的胸襟，可世界上有多少人又具备这样的气度呢？

在康熙皇帝60岁大寿时，举行了一场盛大的"千叟宴"。在宴会即将结束时，康熙拿出老祖宗留下的大铜碗，装了满满三大碗酒。第一碗酒，康熙敬孝庄皇太后，感谢她帮助自己登上了帝位，并辅佐他做一位好皇帝。第二碗酒，康熙敬天下臣民，感谢他们为江山社稷所做的贡献。当他端起第三碗酒的时候，众人屏息以待，都想知道谁是康熙要敬的第三位大恩人。康熙给出的答案很出人意料。他缓缓地说："第三碗酒，我要敬给朕的那些死敌。鳌拜、郑经、吴三桂、噶尔丹，还有朱三太子，他们都是英雄豪杰。他们逼着朕立下了丰功伟业，朕恨他们，但也敬他们，是他们造就了朕……"

暂且不说康熙的执政是多么贤明，就这三句感谢的话，尤其是对死敌们的感谢，就足见他宽广的胸襟。我们不能够要求所有人都能够拥有康熙那样的胸襟，但他身上的这种气度的确是值得人敬仰。所以，在成功时，我们也要学会去感谢我们的敌人，如果没有敌人，我们就不可能释放出自己最大的潜能来。可以说在很多情况下，是敌人在迫使我们不断地前进，不断地超越。

5. 对折磨你的人心存感激

　　张小娴说："有一天，你会感谢所有折磨你的人和事。折磨就是锻炼。没有受过折磨，我们不会成长，不会变得成熟，也不会拥有智慧。不要被所有的折磨打倒，你要用这些折磨来自我提升。长夜哭泣之后，你会感谢所有折磨过你的人，是他们成就了你。"

　　人在低处或无奈时，受人折磨无可避免：上司的百般刁难，同事的冷嘲热讽，朋友的虚情假意，他人的欺骗、责难……面对这些，多数人都会愤怒、生气，会心存怨恨和报复，甚至会自暴自弃；而一些人却能够淡然地看待折磨，并时刻对这些折磨自己的人心存感激，最终变得更强大。不同的心态造就了不同的结果，我们要成为什么样的人，也完全取决于我们对这些折磨我们的人的态度。成功学大师卡耐基说："一个人在饱受折磨的背后隐藏着未来的成功，折磨也是人生所需要的，它和成功一样有价值。"

　　杰克·富雷斯是美国独立企业联盟主席，可以说，他的成功与那些从小折磨过他的人是分不开的。

　　富雷斯13岁时很想学修车，于是就在一家私人加油站工作。但是，店老板从不让他参与修车，而是让他打杂，接待顾客。

　　富雷斯后来回忆道："老板是一个极为苛刻的人，每次都不让人闲着。只要有车开进来，都会让我过去检查汽车的油量、蓄电池、传动带和水箱等。随后，还会让我帮助顾客去擦车身以及挡风玻璃上的污渍，真是烦透了……"

每周都有一位老太太开着她的车来清洗和打蜡。那个车的车内踏板凹得很深，很难打扫，而且这位老太太极难说话。每次在小富雷斯给她把车清洗好后，她都要再仔细检查一遍，总让小富雷斯重新打扫，直到清除掉车上的灰尘和每一缕棉绒，她才会满意。

终于有一次，小富雷斯忍无可忍，不愿意再待候她了。店老板却在一旁厉声斥责他说："你不愿干就赶快给我滚蛋，这个月的报酬也别想要了！"听到这样斥责的话，小富雷斯内心很痛苦，回家以后就将事情的原委告诉了父亲，父亲却笑着告诉他说："孩子，那本来是你的工作，不管老板说什么，你都应该把它做好才是啊！这会成为你以后人生的一笔财富，好好做吧！"

听了父亲的话，小富雷斯就端正了心态。在以后的日子中，不管老板如何斥责他，如何刁难他，他都会以微笑视之，并努力将事情做好。几年以后，富雷斯终于凭借自己的各种洗车技术以及其在顾客中的良好表现，开了一家自己的店。

在生活中，你是否有这样的感受：你有一个很差劲儿的上司，你常被他批评或错怪，这让你萌生了想去成功的念头；你的父母可能因为不够关心你而与你产生了隔阂，你会因为他们的一句批评从而萌生了要出去做一番事业的念头。从心理学上来说，当你受到的打击超过了你心灵所能承受的限度时，就可能爆发出一种力量，这股力量会驱使你要向他们证明：你能够成功，你可以做出个样子给他们看。

生活中，每个人几乎每天都会受到折磨，而每一次折磨都代表你又要进步了，所以，要对那些折磨你的人心存感激，因为他们让你能够时刻检讨自己，哪些地方做得不好，哪些地方需要改进，让自己变得更坚强、更优秀。如果说，对你好的人是在"帮助你成功"，那么，折磨你的人则是在"逼迫你成功"。为此，我们从现在起，就应该时刻对折磨你的人心存感激，他让你能够得到更为迅捷的发展速度，只有这样，我们才能在折磨中体会到一种幸运和满足，才能使纷繁芜杂的世界变得更为鲜活、温馨和动人。

6. 得失常在，开心却难求

人生不是止水，总会出现许多出乎意料之事。泰山崩于前而色不变，风波骤起而泰然处之，就显得很重要。转危为安、由失变得，往往需要高超的心智，也需要好的心态。多思索少激动，多仁爱少仇恨，人生才会变得更加美丽。

每个人的一生，就是得与失不断重复的过程，得与失就像事物发展的两个面，有得必有失，失中必有得。但在现实生活中，很多人却只想得，而不想失。但凡涉及个人利益得失之事，必少不了会去争、去斗，想从中获得更多，这样坏情绪自然会经常光顾于你，为你平添许多痛苦、烦恼不说，也许还会让你失去更多。

人无完人，事无完美，得失常有，而人的开心却是难求的。大千世界，每一种事情不管是"开花"还是"枯萎"都有它的道理，如果你为了"常在的失去"而影响了自己的心情，就得不偿失了。

有一天，佳航与多年的好友一起喝酒。好友郁郁寡欢，愁绪万千，佳航急忙询问其中原因。原来，这位朋友由于到了退休年龄，马上要离任了。

见朋友满腔哀怨，佳航劝他："解甲归田，是好事情呀！你离任了，至少说明你以后再也不必应付酒桌上的事情了，你就不必再因为人情而伤肝损胃了，也不必再去注意别人的脸色了。有了急流勇退，多了让贤美名，其不两全其美！"

看到好友愁眉渐疏，佳航进一步说："人生一世，做官是一时，做人才是一世。我有一个朋友，他的父亲官至正厅级。其退休当天便回家吃饭，看着饭桌上的青菜、萝卜、豆腐，由衷地感言'解脱了'。老人退休后，虽然没有了昔日充实的工作，却有了属于他自己真正喜爱的书法、《易经》、圆口平底布鞋。近日得见，老人虽已近80高龄，却端坐在电脑桌前，只听键盘嘀嘀答答声响不断。"

佳航的话，让朋友哑然失笑。佳航继续道："人生真如草木春秋，何苦要身心疲惫一世呢！太阳永远都是东升西落，长江后浪推前浪是必然的自然规律。年龄大了，还有'用青春赌明天'的本钱吗？"

朋友一把握住了佳航的手，激动地说："谢谢你了！要不是你，我现在还在纠结，还是不能学会放弃呢！"临行前，他又要了一瓶"舍得"酒，并天真地说："这酒名曰'舍得'，看来，我是应该好好品品它了！"说完，豪爽的笑声响了起来。

生活有时就是这么残酷，它会逼迫你交出权力、放走机遇，甚至会使你失去爱情、亲情。而这都是自然规则，既然无法回避，那么，我们不妨学着接受，因为失去的毕竟是失去了，再也找不回来了，而我们唯一可以左右的是自己的心情。

世界有太多的无奈，我们不得不面对，如果我们一直都在埋怨上天对我们不公，一直抱怨世界太残酷，那么我们又何时能过上自己想要的人生，做人要学会自己调整自己。因为这个世界上，得失是随时存在的，而快乐的心情却唯有自己才能给予。

有一位老人特别喜爱花草，尤其喜爱家中养的那盆养了几十年的兰花。有一次，他有事情要出去一段时间。他再三考虑，打算将那盆自己甚爱的兰花托付给邻居来照看。

邻居知道老人最喜欢这盆兰花了，所以也是悉心照顾，一刻也不得闲。但邻居缺乏养花知识，没几天花就蔫了，又过了几天，花就完全枯萎了。

邻居感到难过和愧疚，打算等老人回来给他赔罪，道歉。老人回到家后，听到邻居的话，却完全没有生气，只是笑着说："我养兰花，是陶冶情操的，既然它死去了，也是它的命数到了，不必为此而感到难过。"

世间的得失都有其一定的道理，只要自己努力过了，就不必再为失去而影响了自己的心情。否则，还不如不去尝试呢！

人生在世，得失是人之常理，也是自然规律，我们不必为之而耿耿于怀。你要知道，有失就必有得，你失去了权位和利益，却能得到平静、快乐的生活。失去不可挽回，但是开心却是自己可以去把握的，为此，我们面对功名利禄方面的得失，应该坦然一些，豁达一些，千万不可太介意、太看重，毕竟快乐才是人生的真谛。

7. 不要因习惯了得到，便忘记感恩

有人对你好，愿意帮助你，是你的幸运；无人对你好，没人帮你，是公正的命运；没有人该为你做什么，因为生命是你自己的，你完全要为自己的人生负责任。我们切勿因为习惯了得到，便忘记了感恩，便在得不到时对他人心生怨恨，去抱怨不止！

A 不喜欢吃鸡蛋，每次发了鸡蛋都给 B 吃。

刚开始 B 很感谢，久而久之便习惯了。

习惯了，便理所当然了。

有一天，A 将鸡蛋给了 C，B 就不高兴了。

她忘记了这个鸡蛋本来就是 A 的，A 想给谁都可以。为此，她们大吵一架，从此绝交。

生活中，类似于 B 这样的人有很多，总是希望得到别人给予的好。一开始，会对对方感激不尽，但时间久了，便成为习惯。当我们习惯了一个人对你好，便认为是理所当然的。有一天，对方突然对你不好了，你便开始怨恨。其实，不是别人对你不好了，而是你的要求变多了。当一个人习惯了得到，便会忘记了一个人对他的好，便忘记了感恩，于是在得不到时，便心生怨恨，抱怨不止。要知道，这个世界上，每个生命都是独立的个体，自己要对自己的生命负责，没有人有对你好的义务。

刘蕾和丈夫张强计划买房，近来，看上了一个楼盘，但两个人的存款连首付都不够。刘蕾就想找朋友借，先贷款把房子买下来，再慢慢还债务。就这样，夫妻俩便开始不停地打电话找朋友寻求帮助。

张强先打给自己多年的至交好友，对方一听说是借钱买房子，就推脱说自己最近生意上赔了很多钱。刘蕾在旁边听了明显地感受到对方口气的冷淡，知道对方是在推脱，心中很是不满，一气之下就强迫刘强把电话直接挂掉。

后来，刘蕾又打电话给自己平时最好的朋友刘兰，刘兰一听，就赶紧说了一通自己当前的经济状况是如何如何的困难，刘蕾一听，心中一下子凉了。从此，刘蕾总是对周围的朋友说刘兰是如何如何不近人情，刘兰知道后，很是气愤，于是，两人大吵一架后便绝交了。

生活中，一般人都认为，自己有了困难，别人都应该提供帮助，尤其是跟自己最近的人。抱持这样的心态，当我们遭遇拒绝之后，就会恼羞成怒，甚至对人发脾气，找人理论，最终断送了几十年的交情。

要知道，这个世界上，没有任何人欠你什么；没有人有义务无条件地帮你，包括你最亲的人，一切只能依靠自己。当遭到朋友的拒绝，其实错

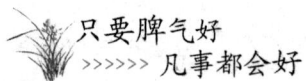

不在朋友，而在于你自己。朋友不是不帮助你，也许对方也有难言之隐，帮不上你。假如你总是抱怨甚至痛恨朋友，从此失去一个好朋友，这将给你造成更大的损失，与其这样，为何不主动站在对方的角度，多为对方着想呢？

第八章

学会知足和包容，
坏脾气自然会走

人生气的根源主要来自烦恼。而人的多数烦恼主要来自贪欲。欲望是无穷的，人的能力又是有限的，欲望得不到满足，所以才会生出许多不快乐和烦恼。为此，要控制自己不乱发脾气，就要学会知足。你若满足于当下所拥有的，就等于削减了内心的欲望，就不会对生活有太多的欲望，也就不会有失望、沮丧和挫败感，更不会有争斗、攀比、抱怨、发怒等，你的内心也就真正平静与和谐了。

1. 别因身外之物而亏待了自己的心

> 财富是一种寄存，钱再多，也只不过是几个数字而已；情爱是一种寄存，人若亡之，情之焉附？权位是一种寄存，无论你怎样叱咤风云，却不能逃出最终的交替。唯独自己的心，才是与自我生命最亲近的主人。所以，任何时候都不要为了外物而亏待了自己的心。

一位心理学家指出，人不知足就生贪，贪而生争，争而生气、生怒。可见，贪欲是人的坏脾气产生的根源之一。现实中，多数人都是被欲望牵着走的：穿上了名牌儿服装后，还要用名牌儿包包，用过了名牌儿香水外，还要穿鳄鱼皮鞋，开上了豪车后，还要戴昂贵的手表，孩子要上贵族学校，要用最新款的手机……为了得到这些，我们不停地忙碌，好似永无停歇的时候。当一个人没有真正的精神追求，把自己的生活目标仅仅定位于物质层面时，他的幸福感便会随着新鲜事物的出现而不断地改变，要求不断提高，压力也不断地增大，处于再优越的环境中也会时常感到不满，那么，坏脾气自然就产生了。

有一位国王，拥有荣华富贵和至高的荣誉，却始终过得不快乐。国王自己也纳闷，为什么他对自己的生活还不满意，为什么总快乐不起来呢？

有一天，国王很早就起床了，他随意在王宫四处转悠。国王无意间走到御膳房，听到里面一个厨子在快乐地哼着小曲儿，脸上洋溢着幸福的表情。

国王甚是奇怪，问那个厨子为何如此快乐？厨子答道："我家里有一间草屋，肚子里不缺暖食，家里有贤惠的妻子和可爱的儿子，这样美满的生活，你说我能不快乐吗？"

听到这里，国王就明白了。随后，国王就与朝中的宰相讨论这个厨子的快乐，宰相说："陛下，我认为这个厨子还没有成为'99一族'。"

国王惊讶地问道："何谓'99一族'呢？"

宰相答道："你只要做这样一件事情就可以确切地明白什么是'99一族'了。准备一个包袱，在里面放进去99枚金币，然后把这个包袱放在那个厨子的家门口，您很快就可以明白一切了。"

国王按照宰相所言，命人将一个装有99枚金币的包袱放在那个快乐的厨子家门口。厨子回家的时候，就发现了门前的包袱，他好奇地把包袱打开，先是惊诧，然后是狂喜：金币！怎么这么多金币！厨子将包袱里的金币全部倒出来，查点了三遍，都是99枚。他心中开始纳闷：没理由只有这99枚啊？哪有人会只装99枚啊？那一枚掉到哪里去了呢？于是他就开始到处寻找，找遍了整个院子也没有找到，心情沮丧到了极点。

于是，他决定从明天起，加倍努力工作，争取早一天挣回那一枚金币。由于晚上找那枚金币太辛苦，他第二天早上便起来得有点儿晚，情绪也坏到了极点，脾气也开始变得暴躁起来，对妻子和孩子大吼大叫，不停地责骂他们没有及时把他叫醒，影响了早日挣回那一枚金币的梦想。

从那以后，他每天匆匆忙忙地来到御膳房。也不像以前那么兴高采烈地哼小曲儿吹口哨了，只是埋头拼命地干活儿，一点儿也没有注意到国王正在悄悄地观察他。

国王看到原本快乐的厨子心情变得如此沮丧，十分不解，就问宰相："他已经得到那么多金币，应该比以前更快乐才对，为何会这样？"

宰相对国王说："陛下，你现在看到的厨子就是'99一族'中的成员了。他们拥有很多，但是从来不懂得满足，他们只是拼命地工作，只为了额外地得到那个'1'，为了尽早实现那个'100'。原本快乐、轻松的生活，只因为忽然出现了能够凑足 100 的可能性，就变得不快乐了，因为竭尽全力去追求那个毫无意义的'1'，做事情的耐心也没有了，脾气也变得暴躁起来，这就是'99 一族'。"

生活中，那些脾气不好者，往往是贪欲心重、不懂得满足的人。他们是十足的"99 一族"，为了赢得更多的财富，为了得到更多，让自己变成一台"永动机"，"累！累！累！"也成为他们的口头语，做事缺乏耐心，经常焦躁不安，生活毫无幸福可言。当一个人沉溺于对物质的追求中，忽略了内心的感受时，生活就会变得苍白，脾气会变得暴躁不安，奋斗也便失去了原有的意义。

曾有人这样调侃：上幼儿园之后，把天真给弄丢了；上小学之后，把童年给弄丢了；上初中之后，把快乐给弄丢了；上高中后，把思想给弄丢了；上大学后，把梦想弄丢了；毕业后，把专业弄丢了；工作后，把锋芒弄丢了；恋爱后，把理智弄丢了；按揭后，把下半生弄丢了；结婚后，把自己弄丢了；外遇后，把家庭弄丢了……我们逐渐地开始忙碌，一步步地弄丢了许多原本属于我们自己的许多美好的东西，使生活丧失激情，让自己的情绪处于失控状态。

要知道，我们努力奋斗、辛苦工作、追求成功是为了让我们活得更幸福，而不是因太过忙碌而忘了自己。何谓幸福？真正的幸福不需要外界的刺激，而是内心祥和的一种自然流露，就像泉水一样，能够自然地向外涌。而要获得幸福，就要懂得知足。满足于当下你所拥有的，不做欲望的奴隶，这样才能保持内心的安详、平和，才能在平静的生活中安享幸福人生。

2. 适时放下，摆脱名缰利锁的困扰

> 妈妈对孩子说："攥紧你的拳头，告诉我什么感觉？"孩子攥紧拳头："有些累！"妈妈："试着再用些力！"孩子："更累了！有些憋气！"妈妈："那你就放开它！"孩子长出一口气："轻松多了！"妈妈："当你感到累的时候，你攥得越紧就越累，松开它，就能释然许多！"放手才轻松，如此简单的道理，但很多人却始终不明白。

一位哲人说，一个人来到世间，从生到死，挣扎几十年，最难摆脱名缰利锁，为了心中的欲念，将自己的心拖入疲累的状态中，怒气和怨气自然丛生。可见，名缰利锁也是人怒气产生的根源之一。所以，要消除自己因名利而产生的坏脾气，就要果断放弃那些不属于自己的东西，不追求过多的物欲，抛弃那些浮华和虚荣，欣然面对清贫，欣然接纳平凡的日子，心灵自然会放松，也自然能享受到生活的美妙和芬芳。

2002 年 1 月 13 日，海明威短篇小说《老人与海》中的主人公原型——富恩特斯去世，享年 104 岁。

第二天，世界上有 27 家网站出现了这么一张问卷："有一个人，他几乎什么都有。论地位，他是享誉世界的大师级人物；论荣誉，他是诺贝尔奖获得者；论金钱，他的版税在他成名之前就已使他成了富翁；论爱情，几乎每一个女人都喜欢他，都愿为他奉献一切。在他的国家他享有充分的自由。他爱到哪儿旅游就到哪儿旅游，哪怕是敌对的国家。总之，他是一个令世人非常羡慕的人。可是，在他获奖后不久，却用猎枪结束了自己 62

岁的生命，而他的一位朋友——一个渔夫，却悠然地颐养天年。请问，为什么一个拥有一切的人却选择了死亡，而一个一无所有的人却选择了活着？假如你已经知道了答案，请发给我们，我们愿把它刻在这位诺贝尔奖获得者的墓碑上。"

问卷贴出后，每家网站得到的回答日平均 400 多条。几家网站根据点击率，公布了自己选定的墓碑内容。

网站 1

墓碑的正面：人生最大的满足来自对自然的追求。

墓碑的背面：一个人一旦在自己所从事的领域达到了高峰，就会有一种空前的寂寞感，这种寂寞感所带来的迷茫和绝望会把你送进天堂。

网站 2

墓碑的正面：成功也是一件非常可怕的事。

墓碑的背面：人人都追求成功，其实成功的背后往往隐藏着魔鬼，而失败的背后才有一个救命的天使。

网站 3

墓碑的正面：无话可说。

墓碑的背面：生命是一种太好的东西，好到你无论选择什么方式度过，都像一种浪费。

那位渔夫的独生子在此期间公布了一封信，据说是海明威去世前一天写给他父亲的，并交代让他帮着刻在墓碑上。信中是这么写的：人生最大的满足不是对自己地位、收入、爱情、婚姻、家庭生活的满足，而是对自我的满足。

可见，人真正的幸福不是源于地位、收入等外物的满足，而是源于对自我的满足。一个满足感极强的人，就算每天粗茶淡饭，也能感受到幸福，这也是一个摆路边摊的要比一个做大生意的富豪更快乐、更幸福的主要原因。

现实生活中有太多的诱惑，如果你不以宁静、淡定的心去面对，很容易被名缰利锁套住，然后心力交瘁或者迷惘躁动，怒气丛生。所以，在恰当的时候做出选择，适时放弃该放弃的，舍掉那些羁绊你的东西，才能让心灵回归安静与平和。

萨克雷的《名利场》中的女主人公丽蓓卡·夏普一生都是在不断追求中度过的，但是到最终，她的一切心机却白费了。作者最终在书中以这样伤感而又无奈的语气说道："唉，浮名虚利，一切虚空，我们这些人谁又是真正快活地活着的？谁又是称心如意地活着的？就算当时遂了自己的心愿，以后还不是照样不知足？"

其实，人在这个世界上，都是一个来去匆匆的过客而已。名与利，都是过眼云烟，生不带来，死又不能带去，与其一生为它所累，还不如活得实实在在、快快乐乐，用一颗平常心来看待它，将一切看得淡一点，再淡一点。古往今来，那些大学问家都是这样去做的，他们不屑于个人的名利，而是将全部的心血和才华投入到自己喜爱的事业之中。所以，他们一方面能够享受到心如止水的快乐，另一方面也能水到渠成地获得惊人的成就。

曾获 19 项国内外大奖的袁隆平说："要淡泊名利，踏实做人，才能取得一定的成就。现在少数人搞学术腐败，就是功利心、享乐心太重，急功近利，弄虚作假，到头来害人害己，只有踏踏实实地做人、做事，才能使心灵获得真正的满足。"在金钱面前，他始终仅仅只满足于基本的生活需求，对此，他解释道："精神上丰富一点儿，物质上和生活上看淡一点儿，因为一个人的时间与精力是有限的，如果内心总想着名利，哪有心思搞科研？在吃方面以清淡和卫生为贵，在穿方面只要朴素大方就行了。如此这样才能保持身心健康，心情也才能够愉快，事业也才能取得更大的成就。"可见，适时放下名利，不仅是获得幸福的法宝，还是取得事业成功的重要途径。所以，如果你是个被名利羁绊而脾气异常暴躁的人，那就学着及时放下吧，你将能获得意想不到的快乐和惬意。

3. 别让焦虑毁了你的生活

> 人的诸多焦虑来自忘了自己的事，爱管别人的事，担心老天爷的事。要消除焦虑，就要学会随缘，万事随缘便能轻松自在。当然，随缘并非是指得过且过，不求上进，而是要"尽人事，听天命"，尽自己最大的努力，做一切自己所能做的，将剩下的，交给老天爷！

每个人都有莫名地陷入焦虑中的经历：为当下焦虑，因害怕失去；为未来焦虑，因为未来充满了不确定性。当意识到自己有可能会失去，而且对即将失去的一切无计可施的时候；当对未来充满希望，但因现实阻力，愿望得不到满足的时候；当你苦心的努力得不到回报的时候，焦虑的程度都会大大地增加，内心会异常烦躁，坏脾气自然就跟着来了。

焦虑是一种负面情绪，它是使人脾气变坏的重要因素之一。但是，焦虑在很多时候是不能解决问题的，如果你不懂得及时转换心态，那有可能会让焦虑彻底毁了你的生活。

刘兴从小就是个非常优秀的孩子，考试几乎每次都是第一名。后来，他顺利地考上了一所名牌大学，而后又出国留学了几年。留学回国后，他到了一家全球著名的外资企业工作，深受上司的器重。

当然了，对他器重也是有原因的，公司内部一个花了一两年时间都未完成的项目，经他手之后，不到 3 个月就完成了。更难能可贵的是，尽管他能力很强，业绩很好，却丝毫不狂妄自大。在工作中，刘兴的认真、谨慎、踏实是大家公认的，而且与同事之间相处得也很好。在家里，也是个好儿子、好丈夫、好父亲，家人都依赖他。但是，后来发生的事情却让所有人意想不到。

有段时间，因为工作上的原因，刘兴的情绪有些不太好。公司接到了一个大项目，刘兴自然是主要负责人，项目催得很紧，需要在规定的时间里完成，于是接下来的几个月内，他将自己的大部分时间都耗在了办公室里，没有了星期天，熬夜加班更是家常便饭。他平时只是感到压力很大，但是从不注意去发泄、调节。最多是回到家中对妻子发牢骚，甚至还发脾气，数落妻子的饭菜做得不合胃口等，平时不怎么抽烟的他，烟瘾一下子便大了起来。尤其是最近，他的内心总是感到莫名的心慌、头痛，动不动就对项目小组成员训斥一番，甚至有一次还与对方动起了手，让小组成员怨声载道，有几个已经辞了职。经理得知情况后，就撤了他的职，他心中更是烦闷，对前途失去了信心，人也憔悴了不少。

工作压力是造成焦虑的主要原因：比如工作任务太过繁重，在单位中得不到上司的认可，同事关系紧张，职业倦怠引发的心理危机，等等。这样的人因为太过在乎得与失，所以整日忧心忡忡，这种忧心使他不停地去追求满足感，不停地忙碌，就像一辆车一直在消耗、磨损。直到有一天，汽车没油了，就会使自己陷入崩溃的状态之中。所以，在生活中，我们一定要学会适度地调节，以防让焦虑来袭击你。

不想焦虑，可从以下几方面做起。

（1）安排时间锻炼和放松

在生活中，你是否有这样的感受：手中端一个杯子坚持两个小时，手就会颤抖，但是，如果你每端5分钟就放下休息一会儿，就能够端一天，这就是休息与工作之间的关系。尽管有时候你的工作很忙，但是一味地工作，会使人在极度的紧张状态中出现心理崩溃，最终什么事情也做不了。所以，合理安排工作和休息时间十分重要。

（2）正视压力，简单生活

工作压力是不可避免的，但是，高度敏感的人因为常常在意别人的评价，所以要竭力去考虑许多因素，追求完美，人为地又给自己增加了压力。在工作繁忙时，要学会简单生活，不去顾虑那么多，一个阶段也只追求一个目标，解决一个问题，不管别人如何说，自己只按照既定的目标与计划去行动，你会发现生活变得十分轻松。有的人选择不看电视中的消极信息，休息时不开手机，避免与挑剔、悲观、不愉快的人交往，使自己保持冷静、清醒的头脑和有张有弛的生活节奏。

（3）把压力找适当的方式发泄出来

焦虑的人总爱把自己当成天底下最焦虑的人，实际上与你有同感的人千千万万，没必要把自己变成个闷葫芦，自己一个人去承担，可以找个信任的人来聊聊，你就会变得轻松一些。

（4）提前配备"心灵加油站"

给自己的人生设定一个长远的目标，分阶段实施，当一个小目标达到之时，给自己奖励。目标是否达到，不以自己的标准去判断，而应以公司的标准去判断。比如，完成一个项目，领导说这样就可以了，不需要再进一步做了，那就放下，告一段落。不能说工作任务完成了，自己还不满意，还去使劲儿地琢磨如何更好，结果只会使自己找不到成就感，容易产生悲观、消极的情绪。

4. 人生无须过分苛求

一件事就算再美好，一旦没有结果，就不要再纠缠，否则你会倦，会累；一个人，就算再留恋，如果你抓不住，就要适时放手，否则你会神伤，会心碎。有时，放弃是另一种坚持，你错失了夏花绚烂，必将会走进秋叶静美。任何事，任何人，都会成为过去，不要跟它过不去，无论多么舍不得，都不要固执，要学会潇洒地放下。如果能坦然地放下，可能还会有意想不到的收获。

每个人都希望自己能够抓住机会，尽早达成自己的意愿。于是，苛求一份并不适合自己的工作，苛求一段写满了"伤疤"的感情，苛求一段并不真诚的友谊，苛求自己做一件并不情愿的事情……雨果说："苛求等于断送。"过分苛求，就是给生命套上枷锁，让自己变得烦躁不安，人的坏脾气也多源于此。

已经是凌晨2点钟了，静怡房间的灯还在亮着，她正坐在书房中拼命地攻读英语，神色有些憔悴。其实，这种状态已经持续3个月了，这段时间中，她的脑子中总是重复着学习、考试。之所以如此紧张、勤奋，主要是因为她的成人英语资格证书考了4次都没有通过，这个月要考第五次了。

其实，静怡是一家国企的中层管理人员，平时工作较为出色，是企业的重点培养对象，很有可能在不久的将来会升职。本来，她的工作用不到英语，但因为大学时她的英语资格证书没有拿到，她一直很不甘心。于是，毕业后就与英语叫上了板，不考过绝不罢休。

201

静怡从小就受到极好的教育，做事也极为认真，责任心很强。但她从小到大总是惧怕考试。平时学习挺好，但一到考试就落后，尽管如此，她还是不想让自己的人生留下什么遗憾。在每一次临考的前一天夜里，她总会胡思乱想，而且想着想着就睡不着了，结果，第二天考试就考砸了。几年下来，她仍然没能如愿拿到那个资格证书。如今，为了这个考试，她每晚都强迫自己去认真学习，由于太过紧张和焦虑，她几乎每晚都会失眠，脾气也变得急躁了许多，这已经十分严重地影响了她白天的工作，整个人都变得异常痛苦。

静怡的痛苦主要源于她太过固执，过分去苛求不必要的东西。其实，对于她来说，英语资格证书既然在她的工作中用不到，就没有必要那样苦苦地折磨自己。

现实生活中像静怡这样的人有很多，他们总是为了一些无关紧要的理由去强迫自己达到某一目标，过分地苛求自己努力做到最好。在工作中，他们崇尚完美主义，不轻易去相信别人，事无巨细，大事小事总是一人包揽；他们甚至不敢公开表达自己的消极情绪，长时间的压力与压抑让他们产生了极为消极的心理反应。其实，如果仔细静下心来想想，又何必呢？我们不能做到最好，完全可以放松心态甘心做到很好；不能拥有伟大，完全可以静守平庸，用轻松的人生规则主宰自己的快乐又有何不可呢？

许多人在工作中，经常会抱怨："我一定要在一年内升职、加薪。""我一定要在某个领域之中做出最大的成就，成为某方面的专家。"……但是很多时候，这些不切实际的理想与追求只会成为我们的一种负担，会羁绊我们实现那些切合实际的理想。

有一次，晓琳去外地参加一个重要的会议，住在一个没有电梯的宾馆，从一楼到五楼之间上下了六七趟，就感觉腿脚发麻、浑身无力。而与她一同参加会议的一位年迈的老太太却大气不喘，精神焕发。

晓琳与老人闲聊后才知晓她已经有 70 岁高龄，是这次会议的特邀嘉宾。这么大的年龄还有这么好的身子骨和精气神实在令晓琳十分佩服，就向她讨教养生秘诀，老人说："我的秘诀就是：忧愁穿脑过，梦在心中留，对什么事情都不去苛求。"

在谈到自己的梦想时，老人说，自己在生活中与人无争，与己有求，但不过分苛求。自己根本不想做名人，不想当明星，只想做个有所为又有所不为的文学爱好者。在自己30多岁的时候，当明白自己一生所要的不过是清清淡淡一碗饭后，就主动放下了许多事情，让每天的生活不闲着，也不劳累，早上起来跑跑步，白天读读书，晚上有空写写字，从来都是睡得甜吃得香，从不为什么事情去担忧。然而，正是这种看似平淡的心境，才让她能够沉淀下来，静下心来，为自己创造了极好的创作空间，最后才成为一个了不起的作家。

试想，如这位老人一样乐观豁达、与己有求，但又不故意苛求的人，能不长寿吗？能不成功吗？不论年轻也好，年老也好，每个人心中都应该有一个照亮心灵的梦想，但是，对于梦想不要去过于苛求，不必为自己制定什么硬指标，比如每月一定要完成梦想的具体额度，几年之内要达到什么位置，一生要留下多少财富，等等，这样就是对自己的苛求，是与自己叫板，与自己过不去了，那样的话只会让自己活在劳累和疲惫之中。

要知道，最终能够站在塔尖上的毕竟是少数人，只要根据自己的能力，坚守自己的梦想，抱着一种顺其自然的心态去追求，就能够问心无愧，就能够知足，这样才能让自己感受到追求梦想过程的快乐与幸福。

5. 忌妒是一种心灵毒药

> 忌妒是一种憎恨式的感情，拥有忌妒的人，当看见别人比自己过得好，比自己运气好，拥有得多，就会恨得咬牙切齿；而看见别人比自己运气差，过得没有自己好，就会扬扬得意。它是一种心灵毒药，既伤害他人，也会害了自己。

忌妒即为以名利心为出发点，对他人的荣耀、善、美等生气不悦，故意自赞毁他的一种心理作用。爱忌妒的人往往会给别人带来烦恼，也会给自己带来莫名的痛苦。它是人心中的一种负担，会让人变得自私、冷漠、烦躁，甚至脾气暴躁等，它是人心灵的一种毒药。

这里有一个真实的故事，讲的就是因为忌妒引发的悲剧。

有一对作家夫妇，两人都在写作方面很有名气。他们年轻的时候因为对文学的共同爱好而相互爱慕，后来更是因为对相互才华的肯定才结合在一起，他们应该是幸福的。但就在男作家61岁的时候，却残忍地杀害了他的爱人。

原来，在他们认识之初，男作家的名气就已经很大，而女作家还只是文坛的新秀。但渐渐地，女作家后来居上，其写作的才华和名气都超越了她的丈夫，这让男作家无论如何也接受不了。他忌妒的烈火已经无法扑灭，他开始抽烟、酗酒、打骂自己的妻子。

女作家因为无法忍受丈夫的忌妒和打骂，很长一段时间都是在朋友家里寄宿。这样的日子就一直持续着，直到有一天，女作家和男作家的新书同时出版，女作家的书卖得很好，刚一出版就创下了几十万册的好成绩，而男作家的书却只卖出了几千册。男作家再也无法忍受这个和他朝夕相处的女人，更容忍不了她比自己更出色。于是悲剧发生了，他将枪口残忍地对准了跟他生活了半辈子的爱人，之后，又绝望地把枪口对准了自己……

本来在外人眼中两个人是天作之合，不仅有共同的志趣，又是一起生活互相帮助的伴侣，谁也想不到他们之间会发生这样的悲剧。而悲剧的产生，却仅仅是因为男作家的忌妒。

这则故事听起来有些残酷，但却是心存忌妒者最真实的写照。法国作家巴尔扎克说："忌妒者受的痛苦比任何人遭受的痛苦更大，他自己的不幸和别人的幸福都使他痛苦万分。"忌妒之心对嫉妒者之害，正如铁锈之为害于铁。那些心胸狭窄者之所以避免不了失败的结局，就在于他们心存不良，不愿意别人超过自己罢了。自己倒霉，也要别人没好日子过，这样做除了害人害己，真的别无他途了。所以，在生活中，我们一定要摈除这种害人害己的心理，与其浪费时间去忌妒他人，让自己饱受心灵的折磨，还不如静下心来想想自己能做什么！

据说，哥伦布历尽艰险发现美洲新大陆回到西班牙后，女王为了奖赏他特地为他摆宴庆功。

在酒席上，许多王公大臣、名流绅士都瞧不起没有任何爵位的哥伦布，而且由于忌妒他所做出的贡献而纷纷出言讥讽。有的说："有什么了不起的，换成我出去航海，一样也可以发现新大陆。"有的说："驾着船，只要朝一个方向航行，不转弯，就一定有新发现！"有的说："这么容易的事情，女王还给他如此高的奖赏，真是不服！"

这时候，哥伦布从桌上随手拿起一个鸡蛋，笑着问那些讥讽自己的人："各位令人尊敬的先生，哪位能让这个鸡蛋立起来呢？"

于是，那些内心充满忌妒而又自以为能力超群的王公大臣，都纷纷试着将那个鸡蛋立起来，但左立右立，站着立坐着立，想尽了办法，也立不住一个椭圆形的鸡蛋。

"哼！我们立不起来，你也别想将它立起来！"大家就纷纷把目光盯向了哥伦布。

只见哥伦布不慌不忙地用手拿起鸡蛋，轻轻在桌子上磕了一下，蛋头破了，鸡蛋便牢牢地立在了桌子上面。

众人一看，骚动了起来，嚷道："这谁不会呀！简直太简单了！"哥伦布则微笑着对众人说道："是的，这当然很简单，但是，在这之前，你们为什么就想不到呢？"

哥伦布一语便道破了这些王公大臣忌妒的心情，他就是要告诉他们：与其浪费时间去忌妒别人，还不如静下心来想想自己能做什么！

忌妒是一剂心灵毒药，而解除这剂毒药最好的办法就是相信自己，别人能做到的事情，相信自己也能够做得到。记住，一旦你对别人产生了忌妒，就是承认自己不如别人。你要超越别人，首先要超越自身，要将内心的忌妒化为一种激发自己潜能的竞争力，坚信别人的优秀并不妨碍自己的前进，相反还给自己提供了一个竞争对手，一个学习的榜样，给自己以前所未有的动力。事实上，当你真正埋头去专注于你的事业的时候，你就不会再有时间或精力去忌妒别人。

要知道，成功并非是某个人的专利，它属于每个人，要用欣赏的眼光去看待比自己在某方面强的人，不要让狭隘和烦恼侵袭自己的心灵，让自己丧失了一种高尚的气度和修养。如果自己不能拥有，那么就快乐地欣赏别人的拥有，不要让生活变得暗淡起来，不要因为不如别人就显得落魄和沮丧，上帝对每一个人都是平等的，要用一颗平常心去面对生活中的功名利禄。千万不要让忌妒的毒蛇钻进我们的身体，否则这条毒蛇会咬食我们的头脑，毁坏我们的心灵。如果我们能将忌妒的心情转化成激励自己的动力，我们或许将会在自己成功时，亲身体验到遭人忌妒的感受。

6. 不固执，莫让自己走入死胡同

正确的执着是通往成功的阶梯，而错误的执着则是一条没有出路的死胡同。有些人艰难地往前走着，并不是因为前景灿烂，而只是因为舍不得曾经的付出——就像陷入泥潭的人，越挣扎，陷得越深。所以，该坚持时就坚持，该放下时就一定要学会放下。

生活中，我们选定了目标后，不懈怠地坚持下去是一种执着的精神，这种精神对于实现自我的目标是必不可少的。但是，有时候，过于执着却未必是件好事。比如你在执行计划的过程中，发现目标不符合实际，或发现自己的目标是偏执的。这个时候，如果刻意坚持，还不如果断地放弃，否则，只能让自己在苦苦挣扎中脾气变得越来越烦躁。

在大西洋里有一种鱼，长得极为漂亮，银肤燕尾大眼睛。因为平时都生活在深海之中，所以不易被人捉到。但是它们会在春夏之交逆流产卵，会顺着海潮漂流到浅海。这时候，它们极易被渔民捕到。捕捉它们的方法很简单：用一个孔目粗疏的竹帘，下端系上铁，放入水中，由两个小艇拖着。

这种鱼的"个性"极为要强，不爱转弯，即便是闯入罗网之中也不会停止向前游。所以，一条条便会"前赴后继"地陷入竹帘孔中，帘孔随之也会紧缩。竹帘缩得越紧，它们就越激怒，会越拼命地往前冲。最终被牢牢地卡死，成群结队地被渔民所捕获。

我们人类又何尝不是如此，总是喜欢给自己加上负荷，不肯轻易放下，自诩为"执着"，最终却让人生走入了死胡同，白白浪费了过多的时间与精力。我们执着于名与利，执着于幻想的美，执着于一份痛苦的爱，执着于不切实际的空想……等到数年光阴逝去之后，才会哀伤地去嗟叹人生的无为与空虚。

太过执着就会变得盲目，做人要懂得变通，只有自己能够变通才能更加正确地进行选择，明明知道这扇门打不开，就不必为这扇门而苦苦追寻了，为何不放下自己的那份执着去寻找另一个出口呢？

有一家公司招聘一名业务代表，通过层层的选拔进入候选的只有乔丽和贝拉两名应聘者，为了从中找出一位最适合这份职业的员工，公司决定在不同时间段分别通知她们前来面试。

第二天，乔丽被公司通知前来进行最后一次考核，乔丽在面试的时候十分稳重，各种问题都对答如流，就在这个时候负责面试的主考官忽然递给她一把钥匙，随手指了一间小屋让她去那里拿只茶杯来。

乔丽过去开那间小屋的门，但她无论怎么开就是打不开，但是，她不相信自己真的打不开了，就开始慢慢地拧，鼓捣了很长时间还是打不开。可是，她知道这是主考官给自己出的最后一道难题，如果连这扇小小的门都打不开的话，怎么去打开别人的心灵。于是她一个劲儿地往里面拧，可是最后钥匙被她拧断在锁孔里。

难以置信，明明是这扇屋的钥匙为什么就是打不开呢？于是，乔丽就问主考官道："请问，是这把钥匙吗？"主考官抬头看了一下乔丽答道："是，打开屋子，取出茶杯。"乔丽很为难地说："门打不开，我也不渴……"

主考官打断了她的话："那好吧，你可以回去等通知了。"

第三天公司又通知了贝拉来面试，尽管她的问题回答得不算十分流畅，但是主考官还是同样给了她一把钥匙让她去取一只茶杯，贝拉同样也是打不开门，但是她却看见另一间屋里有一只茶杯，她就想着："主官考并没有告诉我钥匙就是这间屋的，既然是打开有茶杯那间屋的钥匙，那么应是隔壁这一间吧！"于是她抱着试试看的心态，竟然真的打开了那间小屋，取出了茶杯。

主考官很高兴，拿着她取出的茶杯为贝拉倒了一杯水，并对她说："喝杯水，然后签个协议，祝贺你，你被录用了。"

乔丽因为总是放不下自己心中的那份执着，认定主考官指的就是那间屋子，结果怎么弄都打不开屋门，而贝拉却并没有这样认为，只是选择放下这扇打不开的屋门去试试另一间的屋门，结果她用同样的一把钥匙打开了另一间屋门，取出了茶杯。

过于执着就是病态，就是愚蠢，过于执着的人顽固、偏激，冥顽不灵，不懂得变通，其再努力也达不到既定的目标。其实，人生有许多无谓的错过，都是因为固执地坚持了不该坚持的。

我们常常会这样自勉："我一定要成为某方面的伟人"、"我一定要得全世界第一"、"我一定要成为无人能及的人物"……这些固然是一种想法，能为我们的生活提供前进的动力，但是如果它是一种不切实际的想法，就会成为我们的一种负担，会羁绊我们实现那些切合实际的理想。

7. 切勿事事都苛求完美

　　追求完美的人，注定有个不完美的人生。大千世界，万事万物都有残缺，有些人追求完美，不甘心委屈地活着，但那些天天想要改变的现实，大多时候我们注定无能为力。曾经那些解不开的疙瘩，慢慢学着将它系成一朵花。人生总有缺憾，接纳了，你就成熟了，你的人生也变得完美了。

　　世上的事物都是有缺憾的，正所谓金无足赤，人无完人。但生活中总有一些完美主义者，事事都苛求完美，因而让自己陷入深深的矛盾与自责之中，让自己的心变得浮躁，最终不仅达不到完美，还会让自己体味到更多的失望与痛苦。

　　丽达是一家著名的广告公司设计总监，有着十分丰富的工作经验，工作也极出色，但就是人缘不好，常因为工作上的事与同事发生这样或那样的冲突。

　　原来，她是个典型的完美主义者，不仅对自己要求严格，对下属的要求也极为苛刻。每次当下属低眉顺眼地将策划方案递给她的时候，她总会皱眉头，说不太完美，需要修改。当下属问及欠缺到底在哪儿时，她总会说："我也不知道到底哪儿不好，但总体上看上去就是有不完美的地方。"接下来，就让下属不停地改，直到让她满意为止。

　　因为丽达事事都爱挑错，让很多与她合作的同事很是闹心，一个方案要付出很多的心血，每天走进办公室就像上了发条的钟一样不停地工作，以便多设计出几套方案，让她从中挑出最满意的。尽管这样，丽达还是不满意，这让下属忧心的同时，也让她陷入莫名的烦躁之中。

对于下属来说，每当拿着厚厚的设计方案从丽达的办公室走出时，心情就会异常失落，上司的挑剔就像一把尖刀，总是会将自己精心雕琢的东西刺穿。对于丽达来说，下属总不能做出让她满意的方案，心情也会变得异常烦躁，脾气也变得极差，经常莫名地对旁边的人发脾气。这样，她的人缘更差了，几乎没有同事与她随意说话。这让她也感到苦恼极了。

心理学家指出，完美主义是一把双刃剑，有利也有弊，一方面它是使人不断向上的动力；另一方面它是一个沉重的包袱，让人心情沉重的同时，脾气也会变得异常差。

要知道，任何事物的发展都是相对的，即便你一面看似完美了，另一方面也会有缺陷，就像丽达一样，她一味地追求工作上的完美，但却失去了人缘，这本身就是一种不完美。

不可否认，追求完美是人的一种心理特点，或者说是人的一种天性，按道理说，这并没有什么不好。人类也正是在这种追求中才不断地完善自己，创造出了这个五彩缤纷的世界。但是凡事都要适度，如果因为差缺那么一点点而耿耿于怀或顽固到底，就大可不必了。要知道，为了从99.9％跨越到理想中的100％，你会为最终的那0.1％付出多出正常标准很多倍的时间、精力等资源。更何况，世界上100％的完美根本就不存在，我们所谓的完美只是一句极具诱惑力的口号、一个漂亮的陷阱。

同样地，事物有不尽完美的地方，人也都是有缺憾的，只有放宽心，生活才能变得更美好。再者，事事都追求完美，并不一定能带来成功。

在非洲大草原上，有一头雄壮而富有野心的狮子叫迪奥，它从小就立下雄心大志，一定要成为一头最完美的狮子。这头狮子发现，狮子虽然是兽中之王，但是却有个明显的弱点，那就是在长跑项目中的耐力要比羚羊弱很多。很多时候，狮子就是因为这个弱点，让美味的羚羊从嘴边溜掉了。野心勃勃的迪奥就想方设法改变自己的这个缺点。通过长期对羚羊的观察，它认为羚羊的耐力与吃草有关系。为了增长自己的忍耐力，迪奥就学着羚羊吃起草来。最终，迪奥因为长期吃草而变得很瘦弱，体力也大大下降。

母狮子发现迪奥的这一想法与做法后，就教育它说："狮子之所以成为草原之王，不是因为其没有缺点，而是因为它能够突出自己的优点，它靠的是突出的观察力、优异的爆发力、锋利的牙齿和准确的扑咬动作，而不是追求完美。没有缺点的动作是不存在的。"

听到母亲的话，迪奥真切地认识到自己的错误，它不再将自己的心思放在改变自己的缺点上面，而是努力地去发挥自己的优点。两年后，迪奥便成为草原上最优秀的狮子。

任何一个人都不是十全十美的，也不可能做到哪方面都比别人强。实际上，只有一方面特别优秀就十分了不起了，若要全面追求第一，追求完美，最终的结果可能连一个第一都拿不到。

哲人说："不求尽如人意，但求无愧我心。"要知道，在这个世界上，十全十美的东西是不存在的，追求完美只是一种憧憬、一个向往，只是生活的一个过程和体验而已，只要做到问心无愧就是一种完美了。

为山九仞、功亏一篑虽然是一种遗憾，但金无足赤、人无完人却是一条亘古不变的真理。人生总会有不尽如人意的事情，出现了缺憾，我们需要保持一颗平常心，对于各种得失、缺憾和成败都泰然视之。如此才会发现缺憾就如那断臂的维纳斯一样，也是很美的，这样也就不会为了空中楼阁的完美而耗费自己的心血。

8. 无欲无求无失望，来去随缘少徒劳

小时候的欢乐，是单纯带来的；长大后的痛苦，是复杂给予的。小时候，即使在没人的地方，我们也可以很快乐，因为简单的心容易接纳幸福；长大后，就算在拥挤的人群里，我们也可能感到孤单，因为心与心之间有了太多的距离。不贪，欲念就少；不嗔，心就易平；不求，就常知足。简单，是人生的大彻大悟。无欲无求无失望，来去随缘少徒劳。

小时候我们经常因为得到一块儿廉价的糖果而兴高采烈，而如今我们得到一大包的金丝猴奶糖，心中也未必会感到快乐；小时候我们因为在小河中无意间看到一条小鱼而感到满足和幸福，而如今我们到大型的海洋馆中观赏海豚表演也不一定会感到快乐……于是，我们不禁会问：幸福是什么，幸福跑到哪里去了？

其实，长大后我们的各种不幸福都是因为内心的欲望在作祟。只要我们能将当下欲望的门槛降得低一点，无欲无求，顺其自然，珍惜自己所拥有的，幸福自然就会来临。正所谓，无欲无求无失望，来去随缘少徒劳。我们当下所苦苦追寻的，只是人生的一次徒劳而已。

有一个外国商人，他坐船到了西班牙海边的一个渔村。他在码头上看见了一个西班牙渔夫从海里划着一艘小船靠岸，船上有好几尾大鱼。外国商人对渔夫能抓到这么大的鱼表示赞叹。然后问他："您每天要花多少时间抓到这么多鱼？"渔夫说："一会儿工夫就抓到了。我不用费多大力气。"

商人说："为什么你不再多抓一会儿，这样你就可以抓到更多的鱼

213

了。"西班牙渔夫觉得不以为然，他说："这些鱼已经够我一家人一天的生活了，我为什么要抓那么多呢？"

商人又问："你只是花一小会儿的时间抓这些鱼，剩下的时间你怎么打发呢？"渔夫说："我每天的事情很多啊，我睡到自然醒，然后出海抓几条鱼，回去和孩子们玩一玩儿，再睡个午觉。黄昏的时候到村子里找几个朋友喝点儿酒，再弹会儿吉他。这日子也很充实。"

商人听了摇了摇头，并且帮他出主意："我可是美国著名大学的博士，我给你出一个主意你可以挣大钱。你应该多花一些时间去抓鱼，然后攒钱买条大些的船。到时候你就可以抓更多的鱼，再买渔船，你就可以拥有一个渔船队。你直接把鱼卖给工厂，这样可以挣更多的钱。然后你还可以开一家罐头厂。这样你就可以离开渔村，到城市里去做有钱人。"

渔夫问："我要达到这些目标需要花多少年的时间呢？"

商人说："15 年到 20 年。"

"然后呢？"渔夫问。

商人说："然后？然后你就会更加有钱，你可以挣好几个亿呢！"

"再然后呢？"

商人说："那你就可以退休了，你可以搬到海边的小渔村去住，享受清新的空气，每天睡到自然醒，然后出海抓几条鱼，回去和孩子们玩一玩儿，再睡个午觉。黄昏的时候到村子里找几个朋友喝点儿酒，再弹会儿吉他。"

渔夫听完，非常不解，他说："我现在的生活难道不就是这个样子吗？为什么还要花那么多时间去折腾自己呢？"商人无话可说。

终点又回到了起点，看似有些可笑滑稽，可是，它却向我们阐述了一个观点：那就是人应该力求顺其自然，活得简单一点儿，这样可以让心灵免去许多徒劳的痛苦和不快。

　　你可以仔细地想一下：其实人生最终的追求不过如此，是一种自然的、无拘无束的状态。真正的幸福并不像商人所说的非要拥有多么丰富的物质，而是心灵的一种健康平和、顺其自然的状态。朱元璋在晚年，虽然锦衣玉食，享尽人间富贵，却远没有少年时每餐只吃一种食物来得幸福。所以，我们在生活中就应该懂得知足，少一些欲望，无论在何时何地便可以享受到当下的幸福。

　　现代社会，人们往往将自己的生活方式规定得太过烦琐，女士要穿高档服装，用高档化妆品；男士要开豪车，住豪宅，要戴昂贵的手表；孩子要上贵族学校……这些被人们称为"品位"的东西，其实是心灵的一种枷锁。它将人们从幸福的生活中剥离出来，投入到生活的固定程度中，成为一个超豪华的奴隶。这样的生活，我们又怎么会有快乐和幸福可言呢？当人们开始沉溺于这种物质生活的品质，忽略了自己内心的娱悦时，就真正与幸福分道扬镳了。所以说，如果你想得到幸福，就该舍弃那些该舍弃的枷锁，让生命回归到无欲无求的平和状态，人生也就少了一些徒劳的奔波和痛苦。

9. 学会舍得，人生得失总归零

《卧虎藏龙》中有一句经典的话是说："攥紧巴掌，手里什么都没有；张开双手，就会拥有整个世界。"其实，人生就如时钟一样，到了子夜就要"从零开始"，只有将所有的得与失及时归零，才有新的周期与辉煌。

舍得，舍得，即说人生有舍才能有所获得。舍弃了对金钱的欲望，就等于是舍弃了心灵的包袱，也就获得了快乐与幸福；舍弃了对名与利的贪念，就等于舍弃了心灵的枷锁，也就获得了轻松与坦然；舍弃了不属于自己的东西，就等于舍弃了心灵的牵绊，也就获得了永恒的静谧与快乐。可是，生活中多数人则会为了得到前者而舍弃后者，徒给心灵增加负担和痛苦。

一位哲人说，人生得失总归零。生活中，有些人认为有钱才快乐，这是错误的。一个穷人用几百块钱能得到的快乐，等他有钱后，可能要花几万块，甚至几十万才能得到同等的快乐。你的钱越多，那些钱的价值就会变小。当你饿肚子的时候，一个馒头对你来说都是美味，但若吃十个馒头，你就会觉得食不知味。总之，一生得失总是零，我们无须去强求任何一件事物，它们只会让我们在徒劳中降低生命的质量。

有一只狐狸，看到高高的围墙上有一株葡萄，枝上挂满了诱人的果实。狐狸垂涎三尺，想进去饱餐一顿。于是，它开始四处寻找入口，终于发现一个小洞，可是洞口太小了，它的身体根本无法进去。

于是，它就在围墙外绝食一个星期，把自己饿瘦了，终于勉强从小洞中挤了进去，狐狸幸运地吃上了葡萄。当它想出去时，才发现吃得饱饱的身体，让它无法钻出墙。它很是担心主人会抓到自己，于是，它又绝食六天，再次把自己饿瘦，才从小洞钻了出来。

其实，人生的得失就是如此，得失总和总是零。所有的经历，到最终的总数却是一样的，终点又回到了起点，起点原来可以回到终点。

生命的意义在于体验，每个人的财富地位也许有高低优劣之分，但是对快乐和幸福的体会却没有高低之别，区别只是有钱人的快乐比较复杂，而穷人的快乐比较简单而已。

生活中，当你顺利时，不幸就在一旁看着你；当你快乐时，悲伤就在一旁窥视你；当你痛苦时，随之而来的便是快乐。到了最终，你会发现，每一样都配合得好好的，每一种痛苦与快乐，每一样你所得到的和失去的，好的与坏的，加加减减后，那个数字将会是一样的。

10. 心开路就开：打开自己的心锁

没有人撒盐便能伤得了你，除非你身上有溃烂之处。正如成功学大师拿破仑·希尔所说："人的心就是一条路，心开，路就开，心死，路就死。"心态决定思想，思想决定行为，行为决定习惯，习惯决定性格，性格决定命运。一旦你的心门打开了，心态调节好了，就能"豪情壮志尽施展"，就能"珠玑锦绣任挥洒"。

古时候，有位秀才进京赶考，住在京城郊区一个店中。考试之前，他做了三个梦，第一个梦是梦到自己在墙上面种白菜，第二个梦是梦到自己在下雨天，不光戴了一个斗笠而且还打着伞，第三个梦是梦到跟表妹脱光后躺在一张床上，却背靠背。秀才第二天赶紧去找算命的解梦。算命的一算，就连忙拍着大腿说道："你还是回家吧，你想想，高墙上面种白菜不是白费力气吗？戴斗笠打雨伞不是多此一举吗？跟表妹脱光后躺在一张床上面，却背靠背，不是代表没戏吗？"秀才一听，顿时心灰意冷，回店就收拾包袱准备回家。店老板非常奇怪，问："不是明天才考试吗，你怎么今天就回家了呢？"

秀才如此这般说了一番，店老板乐了，说道："我也会解梦。我倒觉得你这次一定要留下来。你想想，在墙上种菜不是'高种'吗？戴斗笠打伞不是说明这次'有备无患'吗？跟你表妹脱光了躺在床上面，不是说明你'翻身'的时候到了吗？"秀才如此一听，更觉得有道理，于是精神振奋地参加考试，居然中了个探花。

同样的梦境，不同的解释，对人心理产生的影响也不尽相同。故事中的秀才，如果听信了第一个人的解释，那么就有可能一败涂地。很多时候，你的想法就决定了你的生活，有什么样的想法，就会有什么样的未来。所以，无论在任何情况下，我们要学会以积极的心态去面对现实，要敢于敞开心扉，千万不要在心门上上把锁，将自己的成功拒之门外。

哈里·胡迪尼是美国有名的魔术大师，他有一个绝活儿，那就是能在极短的时间内打开无论多么复杂的锁，而且从未失手过。

这一天，大师向世界发出这样一个挑战：要在60分钟内，打开任何一把锁，前提是要穿上自己那件特别的道具服，而且不能有人在旁边看。

英国一个小镇的几个居民，决定向这位魔术大师发起挑战，并且有意给他难堪。他们精心打造了一个坚固的铁牢，配上一把看上去非常复杂的锁，请胡迪尼试试能否从中逃脱。胡迪尼接受了这个挑战，他穿上了自己那件特殊的道具服，走进铁牢中。

牢门"咣唧"一声关了起来。待众人离开后，胡迪尼便从道具中取出自己特制的工具，开始工作。

30分钟过去了，胡迪尼专注地工作着，一个小时快过去了，胡迪尼头上开始冒汗了……已经超出规定时间一个小时了，胡迪尼始终听不到期待中的锁柱弹开的声音。最后，他筋疲力尽地将身体靠在门上坐下来，牢门却顺势而开。

原来，牢门根本没有上锁，那把看似很复杂的锁只是个样子而已。

杰出的逃脱艺术家胡迪尼，却逃不出一座没有上锁的牢笼，那是因为大师的心门已经上了复杂的锁，他能打开世上任何一把锁，却打不开自己的"心锁"。

其实，我们每天都忙碌、劳累，又何尝不是被一把沉重的"心锁"束缚住了呢？不妨停下脚步，听听心灵的呼唤，给自己一个出口，一个解脱的机会，保持心灵的一片明亮。

如何才能不被"心锁"锁住？可以从以下几方面做起。

（1）审视自己的"心锁"

很多时候，我们感觉痛苦，其实就是被现实的各种枷锁锁住了心智。一个人心智若不开，再聪明的人也不会开窍，更不会有所成就。当一个人自信强大到不被任何事物羁绊时，他的好运就会被无限地放大，便真的能做出不凡的成就。

（2）别让抱怨锁住自己的快乐

如果我们总是抱怨生活的艰难，人生的不如意；如果我们总是抱怨老天对我们的苛责，命运的不公；如果我们总是羡慕别人的幸福和快乐，忌妒别人的才干、富有，那冰凉的锁也就沉重地锁上了我们的心门，锁住了我们的快乐。我们越是自怨自艾，越是妒火中烧，它便会锁得越无情。

（3）别锁住我们的亲情、友情和爱情

随着年龄的增长，我们会慢慢地忽视父母和长辈的存在与意见，少了许多用爱聆听、用心诚谈的沟通交流。其实我们已经用冰锁锁住了通向温情、温暖、温馨的亲情、友情、爱情世界的心门！

许多人每天都感受不到温暖，郁郁寡欢，这个时候，最应该的就是打开自己的心门，用心去聆听父母的唠叨、爱人的蜜语、儿女的呢喃和朋友的诚挚问候，感受最真切的幸福。

第九章

不沉溺过去，
不焦灼现在，不妄想未来

　　很多时候，人的焦虑、忧愁、脾气等坏情绪源于我们内心的空想：沉溺于过去的得失，焦灼于当下的处境，为不可预知的未来患得患失。其实，真实的人生只有"今天"而已，人的生命是由无数个"瞬间"组成的，真正有意义的人生就是能够"成功地度过今天"的人。不过分沉溺于过去，不为看不到摸不着的未来空担忧，不在不满和悔恨中挣扎，而是学会抓住当下的每一分钟，尽情地让自己快乐。

1. 世上没有值得你烦躁的事情

> 改变心态，就是改变人生。过去无法挽回，明天还是未知，只有当下是实实在在的。不要为昨天埋单，不要同过去较劲，如果不小心摔倒，爬起来继续奔跑。即使苦难注定要在明天来临，也没必要今天就为它付费。努力照看好今天，明天才会给你惊喜。

生活中，许多人都会陷入莫名的忧虑和烦躁之中：为不确定的未来担忧，为过去的错事而悔恨，为当下暂时的困境不快。其实，你也明白，烦躁对事情的进展并无任何帮助，它还会让我们失控，使自己的情绪如一匹脱缰的野马，在悲伤、愤怒、沮丧之中飞奔。你想要摆脱无谓忧虑的缠绕，就要看得透，想得开。

著名诗人安瓦里·索赫利在其诗中这样写道："让世俗的万物从你的掌握之中溜走，不必去忧心和烦躁，因为它们没有价值；尽管整个世界为你所拥有，也不必高兴，尘世的东西只不过如此；我们该从自己的心灵之中找归宿，快一些，无物有价值。"的确如此，世界万物皆为过眼云烟，我们无须为所有无意义的东西去忧虑，活在当下，寻求当下的快乐才是生命永恒的真谛。

夜很深了，一位商人不停地在床上翻来覆去，他的妻子就劝慰道："睡吧，别胡思乱想了。"

"噢，老婆啊，"商人说，"一个月前我向邻居借了一笔钱，明天就是还钱的日子了。但是你也知道，我们现在哪有钱啊！借给我们钱的那些邻居简直比蝎子还狠毒，我要是还不上钱，他们绝对饶不了我的。你说现在我还能睡得着吗?"

妻子看他焦虑的样子，就试图让他放宽心，劝道:"睡吧，你这样忧虑，明天就能够把钱还上吗? 不会! 你这样不是在折磨你自己吗?"

"不行呀，从哪里弄来钱呢? 真是没有一点儿办法啦!"丈夫大声地喊叫着，情绪显得很激动。

见到丈夫还是不听劝，妻子终于忍耐不住了，她起身爬上房顶，对着邻居家高声地喊叫道:"你们知道，我丈夫欠你们的债务明天就到期了。现在我告诉你们: 我丈夫没有钱还债!"然后就跑到卧室，对丈夫说:"这回睡不着觉的应该是他们了。"

商人为明天的债务而忧虑，邻居为明天商人还不上债务而忧虑，其实都是不必要的，这些忧虑只是自己心中的空念罢了。我们可以试想一下:他们的忧虑和烦躁能改变明天的任何状况吗? 不能! 正如商人妻子所说，为明天的债务担忧纯粹是折磨自己。

其实，在生活中，多数人也有过类似商人的经历: 夜很深了，你的心中总是缠绕着无尽的忧虑，似乎全世界的重担都压在你的肩膀上。如何才能找到预期的目标? 如何才能赚更多的钱? 怎样才能买到一份薪水更高的工作? 想个什么办法能让领导主动给自己加薪? 怎样才能买到属于自己的房子? 如何才能让同事对我们刮目相看? ……你脑中有如此多的烦恼、难题与亟待要做的事在那里滚转翻腾! 你开始意识到，真该休息了，不然明天又该迟到，这个月的奖金又没了……你开始有意识地控制自己，但是诸多的思绪还是东飘西荡地翻滚起来: 明天上班该穿哪件衣服? 以后的房价走势是什么? 要不要买房? 什么时候该回家看一看父母? 要给父母寄多少钱回家? 你这一夜仿佛真的无法入睡了!

对于此，你想不失眠，就要采用一种简单的方法，对自己这样说:"不要怕，一切由它去吧。""一切都会好起来的!""未来的事情到时候自然能清楚!"此类的话对自己说上几遍，每说一次就做一次深呼吸，

223

然后放松！对自己说的同时，心里也这样想，将心中的恐惧、烦恼、仇恨、不安全感、内疚、悔恨与罪恶感从心中腾空，这样才能获得内心的平静。心灵上获得了平静，也就意味着人体味到了生命的真谛。

当然了，我们说不要为未来忧虑，并非说全然地不为未来考虑。这就需要我们分清楚忧虑与计划的区别，虽然二者都是对未来的一种考虑。但是计划是明天的行动指南，有助于你更有规律地实现未来的活动，而忧虑则是你对未来可能发生的事情而忧心忡忡，不知所措，它是一种消极的情绪，它不会为未来的事情产生积极的效果，只会浪费自己当下的宝贵时光，正因为如此，我们要尽力地摈除它。

最后，要记住一点，世上没有任何事情是值得你忧虑的，绝对没有！你可以让自己的一生都在对未来的忧虑中度过，但是你要知道，无论你多么忧虑，甚至抑郁而死，那也无法改变现实。

2. 将幻想中的痛苦果断"枪毙"

身心灵作家张德芬说，痛苦都是自找的。因为，同样的事情，发生在别人身上，别人不会像你这么痛苦，而且会用和你截然不同的方式去处理、应对，那结局就会完全不一样。你若不想改变自己的想法、观念、行为，但至少可以不埋怨外在的人和事，因为只有当我们愿意为发生在自己身上的所有事情负起责任的时候，我们才有从痛苦中解脱的可能。

人生一世，谁也不可能在幸福中永远沉浸，痛苦、烦恼有可能从某个角落钻出来，让我们情绪失控，脾气变得暴躁不安。

但事实上，很多所谓的"痛苦"，其实都是自找的：丢了一单生意，明知事情已经发生，却不想着如何及时补救，而是唉声叹气或者烦躁不安；面对过世的亲人，我们明知不可挽回，但还是会让自己长久地陷入痛苦之中；面对一份无爱的感情，明知不可能回到过去，但还是苦苦在其中挣扎，不愿放手……世间本无苦，庸人自扰之，生活中那些让人痛不欲生的烦恼，多数是自己想象出来的。

一位妇人每天都多愁善感的，于是便去找智者寻求解脱之道。

妇人问智者说："如何才能解除烦恼呢？"

智者笑着说："你既然是来寻求解脱烦恼的，那请回答是谁捆住了你呢？"

烦恼的妇人回答说："……没有人。"

智者继续说："既然没有人捆住你，那么又谈何解脱呢？"语毕，智者扬长而去。

妇人听完智者的话呆呆地愣在了那里。她反复琢磨着智者的话，忽然明白了：噢！是呀，没有任何人捆绑我，那么又何须寻求解脱呢？原来，我是自寻烦恼，捆绑住我的不是别人，正是自己呀！

生活中，烦恼大多时候都是我们自找的。你用审视的眼光来看待烦恼，就会发现，其实束缚自己的，令自己痛苦不堪的，不是别人，而正是自己。要解脱烦恼，唯有依靠自己，自己才是心灵的主人。

肖萧每天都想着自己如何才能一举成名，他想了很多方法，但从来没有认真地做过一件事。毕业3年了，他还是无一点儿成就，工作也做得一塌糊涂。为此，他非常烦恼，内心焦躁不安。

一天，他遇到了一位名扬天下的大师级人物。于是，便兴高采烈地走向前，问大师说："我每天都在想如何成名，想了许多的方法，但是3年过去了为何一点儿成效也没有？"

大师了解了他的心理，就问他："你是否真的很想出名？"

"对啊！我连做梦都在想，我什么时候才能像您一样出名呢？"肖萧忙不迭地回答。

"等你死后,你很快就会出名了。"大师不慌不忙地说。

"为什么我要等到死了以后才会出名呀?"肖萧吃惊地问道。

大师说:"因为你一直想拥有一座高楼,可是从没有动手去建造这座高楼。所以,你一辈子都生活在空想之中,等你死后,人们就会经常提起你,以告诫那些只会做白日梦、不肯动手去做事的人,如此一来,你就名扬天下了。"

人的多数痛苦都是自我臆念制造出来的,痛苦不会改变任何现状,只会让你的心灵永远被烦恼和躁气所缠绕。所以,如果此刻的你感到不快乐,那么就扪心自问:让你不快乐的事是否也是自己臆想出来的呢?事实上,这些痛苦你完全可以马上将其终止,只要你不去刻意地想它,自己便可以立即恢复平静。

我们每个人都有过空想,适度的空想对人是有一定积极作用的,但如果你一直陷入空想之中,就会被空想所累。所以,当我们的心灵被空想的烦恼盘踞的时候,一定要行动起来,马上将痛苦"枪毙"掉。可以说,行动是治疗空想烦恼的最好良药,也是实现个人目标的必经之路。你时刻要清楚地知道,不管你的梦想有多么美好,它只是一个梦;只有行动起来,把它变成真实存在的,才是可以拥有的。

卡夫卡说:"人们惧怕自由和责任,所以宁愿藏身在自铸的牢笼中。"只要我们有打破痛苦的勇气,那么,你将会看到,生活依旧是晴空万里,依旧是快乐自然。

3. 一年后，你还会在乎目前所担忧的事情吗

人生不是等价交换，凡事都不必斤斤计较。如果你正在为一件小事而生气、纠结和难过，那么，就请问自己：一年后，你还会在乎这件事情吗？很多时候，我们因过于在乎而感到痛不欲生的事情，若干年后，才发现那不过是随手可以丢弃的垃圾罢了。

生活中，让我们懊恼、生气，置我们于烦躁、纠结之中的往往是小事。如果当下的你正为一件不起眼的小事而纠结、烦恼，那么，请你把目前你所面对的情况，假想成不是现在正在发生的事，而是一年后的事情，然后，再仔细地询问自己："这个情况真的有我所想的那么严重吗？"其实，目前你所过于在乎的事情，如果将它放在无限遥远的生命长河中，就显得很轻微了。这样，你就可以摆脱因小事而带来的烦恼了。

因为老公一而再，再而三地背叛自己，沈眉坚决地与他办了离婚手续。很长一段时间，她都以泪洗面，沉浸在痛苦之中无法自拔。有一天，她突然清醒地意识到，她与丈夫的缘分真的到了尽头，当下她唯一的出路就是让自己强大起来。

她用水洗净脸上的泪痕，化好妆，用漂亮的字列出一张新的生活计划表：上午去学习简笔画，晚上练习彩画。就这样，她依照计划表开始了新的生活。半年过去了，她的气色好多了，人也变得精神了，而且已经能独立地设计令自己满意的作品了，她觉得自己底气十足。

随后，她到一家大型的广告策划公司，从普通员工做起。尽管收入不

高，但这是她人生的一个新起点，她有足够的时间和动力去挑战新的工作。她慢慢地升职加薪，一直做到设计总监。4 年后，她拥有了自己的广告公司。她开始与一位追求自己的优秀男士约会，享受爱情带给自己的美好。

熟练的设计、优雅的衣着、卓越的能力，都让她成为一个魅力四射的女人。当下的她每当回忆起离婚的事情，她的心中再也感受不到伤痛，有的只是感激，正是那个不忠诚的男人让她真正地强大了起来。

其实，我们每个人都是如此，你当下所痛苦和担心的事情，在你漫长的生命长河中，不过是一粒不起眼的细沙罢了。也许今天你跟你的爱人吵架，跟小孩儿闹脾气，或者跟上司、同事起冲突，甚至是自己犯的一个致命的错误，一年或几年后，它们都会统统地在你的生命中被遗忘，就算有人向你提及，你可能也不会真正地在乎它们了。所以，如果你正在为当下的一件小事而烦恼，那就请将你的眼光放得长远一些吧。

当然，你还可以再回首一下自己曾经走过的路，你就会发现，当初那些让我们觉得天都要塌的困难，现在看来只不过是一些鸡毛蒜皮的小事而已；当初那些让人感到快要窒息的斥责，现在看来也显得极为可笑；过去那些令自己万分痛苦的事情，现在也只是自己茶余饭后闲聊的一个话题罢了……一切的一切，都已经成为永远的过往。再痛苦，再不幸，也只是生命中一个过往而已，只要将心灵放大一些，不要将那些不快留在我们眼前或者心中，一切都会成为永久的过往。

所以，不要太去计较眼前的一些痛苦和烦恼，否则只会缩小我们的内心，心小了，如何能装得下未来的大千世界呢？

4. 别为昨日的不幸浪费今日的眼泪

> 苦苦地挽留夕阳的，是傻子；久久地感伤春光的，是蠢人。生命不能负重，过去的伤感、痛苦只是一时的，真正永久的是当下。背负着过去的伤痛，只会让你错失当下的幸福，唯有及时放下，才能让自己看到光明的未来。

泰戈尔说："如果你因为失去月亮而哭泣，那么你也将失去群星。"他是在告诉我们，不要为过去的不幸或痛苦浪费今日的眼泪，否则你会错失当下的幸福。要知道，人生是一个不可逆转的行程，你所经历的每一个刹那都是唯一。消逝在过往时光的事情，已经成为永久的过往了，你不可能再经历了。所以，我们无须沉浸在过去的悲伤或痛苦中而白白地耽误了当下的幸福。正如一位哲人所说："未来的种子已深埋于过去的时光里，如果你不能正视自己的过去，很难让你的现在和未来开花结果，这可能会导致更多更大的不幸。"

一位老女人，她在上街买菜的时候，不小心把自己的一件外套弄丢了，就因为这一件小事情，她一路上都十分懊恼，不停地责怪自己怎么如此的不小心。等她回到家之后，才发现，因为她太过于专注自己已经丢失的那件外套，在仓促与不安中，也把自己的钱包给弄丢了。

这就是得不偿失，过去的已经过去了，已成为过去时了，已经不能挽回了，所以应该好好活在当下。要知道，明天又会是全新的一天，过去无法在你的现在里复活。你唯一能够做的事情是以平静的心态分析当时自己所犯的错误，从错误中吸取教训，然后再将这种错误忘掉，以乐观的态度面对未来。

刘强遭遇车祸失去了一条腿。朋友来看望他，都为他难过，而他却笑了。

"你还有心情笑？"朋友们都以为他精神不正常了。

"当我醒后得知自己失去了一条腿时，我心里想，完了，以后该怎么办？继而后悔那天选择坐摩托车。不过后来我安慰自己道：'既然已经成事实，再后悔也没用，还好只是失去了一条腿，而不是整个生命。'想到这里，心情忽然不再那么沉重了。所以，我现在有足够的理由笑啊！"

后来，因为少了一条腿，刘强无法胜任原来的工作，他接到了下岗通知书。

朋友们知道后，准备好好安慰他一番。这次又让朋友意外了，刘强仍是乐呵呵的，一点儿也不像失业的人。

"你不难过？那可是下岗通知书啊！"朋友问。

"既然下岗已成事实，我与其难过，还不如想：'幸好只是失去了工作，但我并没有失去再创业的勇气啊！'所以，我没有理由难过！"

再后来，因为家中的日子越来越困难，刘强的妻子走了，还带走了家中所有值钱的东西。

朋友们知道后，都为他担心，以为刘强经过这次打击，肯定会消沉，便都赶过去看望他。当朋友们敲开刘强家的门时，男人一脸的欣喜，热情地招呼朋友们坐下。

"你是不是真的疯了？你妻子走了，你一点儿也不难过吗？"朋友们朝他喊道。

"她走了，只能说明她并不是真心爱我。我失去一个不爱我的人，有什么理由难过？"

面对不可挽回的残酷事实，刘强总能以乐观的态度面对未来的一切，值得我们每一个人学习，也给生活中经常处于懊悔情绪中的我们以这样的忠告：过去的就让它过去吧，一次决策性的失误，说了一句不该说的话，犯了一个不该犯的错误，选择了一条错误的道路……对于所有你曾经的过失，过分的自责只会让你越来越烦躁，无法有信心迎接新的挑战。只有忘掉过去的悲伤，我们才能重新扬帆起航。只有忘掉曾经的不幸，我们才能在未来的日子里拥抱更多的幸福。

也许很多人会说，过去对我的伤害太大了，我无论如何也忘不了过去。不，你可以忘记的，你只需要转变一下当下的心态。你可以静下心来这样想：正是因为过去的不幸，才让我学会了满足于当下的生活。当时的痛苦都已经承受过了，难道你还没有勇气去面对当前的生活吗？所以，我们完全可以对过去的任何事情怀一颗感恩的心，让自己尽快地从昨日的痛苦和烦恼中走出来，世界上没有什么坎儿是过不去的，只有不肯过去的心。

"何必眉不开，烦恼无尽时，一切命安排，当下最悠哉"。一个幸福和快乐的人就应该专注于当下，不为昨天的不幸浪费今日的眼泪，更不为不可预知的未来浪费当下的精力，生活安然而又超脱，你也就真正地达到了人生的另一种境界。

5. 明天的烦恼无须提前预支

怀着忧愁上床，就是背负着包袱睡觉；预支明天的烦恼，只会使今天活得不畅快。世上有很多事情都是无法提前预知的，唯有活在当下，才是最真实的人生态度。在人生的储蓄卡上，提前预支明天的烦恼，就等于买一件东西按标价付了多次钱，是一桩亏本的买卖。

哈里伯顿说："怀着忧愁上床，就是背负着包袱睡觉。"可是，许多人心里潜藏着一只名字叫作"烦恼"的小馋虫，这小馋虫常常会吃掉自己当下难得的幸福。比如，有的父母，整日担心孩子考不上重点学校，因此愁肠百结；有的人身体健康，总是担忧明天会得什么病，终日寝食难安；有的人有稳定的工作，却总是为自己的前途担忧，终日郁郁寡欢……其实，真正影响我们的并非是事情本身，而是我们无谓的空想，完全是自己吓自己。

美国作家布莱克伍德在一篇名为《99％的烦恼其实不会发生》的文章中，写了他在"二战"期间的一段亲身经历。

四十多岁的布莱克伍德，因为战争的到来，众多烦恼也一并而来。他所创办的商业学校，因为男孩子都入伍作战去了，而面临严重的财务危机；他的儿子在军中服役，生死未卜；俄克拉何马市征收土地建造机场，他的房子就位于这片土地上，而他能够得到的赔偿金却只有市价的1/10；他的大女儿提前一年高中毕业，上大学需要一大笔费用，而这笔钱他还没有筹到。布莱克伍德坐在办公室里随手拿了一张便条把这些烦恼写了下来，苦想对策，但都没有想出好的解决办法。最后，他只好将这张纸条放进了抽屉。

一年半之后，布莱克伍德已经不记得自己写过这张便条。他在整理资料时，才无意中发现了它。他一边看，一边笑，因为那些烦恼和担忧没有一件真正发生过。

他担心商业学校无法办下去，可政府却拨款训练退役军人，他的学校很快就招满了学生；他担心自己的儿子在战争中受伤，可最后他毫发无损地回来了；他担心土地被征收去建机场，可后来因为住房附近发现了油田，他的房子没有被征收；他担心长女的教育经费凑不齐，可他找到了一份兼职工作，解决了这个难题。

最后，布莱克伍德得出了一个结论："其实，99％的烦恼是不会发生的，为了不会发生的事饱受煎熬，真是人生的一大悲哀！"

许多烦心和忧愁都是自己给自己绑的绳索，是对自己心力的无端耗费，这就如同自我设置的虚拟的精神陷阱。怀着忧愁度过每一天，设想自己可能遇到的麻烦，只会徒增烦恼。实际上，等烦恼真的来了，再去考虑也为时不晚，别忘了人们常说的那句话："车到山前必有路，船到桥头自然直。"

今天如同一座独木桥，只能承载今天的重量，假若加上明天的重量，必定轰然倒塌。所以，不要想太多有关未来的事，不要顾虑太多，只要好好地享受、欣赏现在的生活就行了。美国著名医学家奥斯勒教授能活到100岁，他的长寿秘诀就是：经常对自己说，过好今日就好，对于明天的烦恼，就交给上帝去担忧吧。预支明天的烦恼，只会让自己当下活得不幸福。我们活着的本分就是过好生命的每一个"今天"，明天的烦恼是属于上帝的。

如果你真的无法从"预支烦恼"的陷阱里走出来，就不妨追问自己一下：如果这件事情真的发生了，结果究竟会怎么样呢？比如，担心这次升不了职，那就问一下自己：当不上领导又能怎么样？大不了重新努力呗。比如升不了职可能会让别人看不起，那你就接着追问：看不起又能怎么样，我又不是活给别人看的。如果你能一路地追问下去，就会马上释怀了。还有一个办法就是做个"角色扮演"的游戏，比如你总是担心升不了职，别人会看不起你，你可以请一个朋友来扮演你，而你扮演嘲笑他的人。你就会发现这件事没有什么值得嘲笑的，嘲笑者本身就显得很无聊。当然，你也可以自己和自己来进行这样的角色扮演，让自己走出烦恼的泥潭！

6. 每天给心灵放个小假

> 一杯清澈的水，不停地摇晃，它不会清澈；一杯浑浊的水，不去摇晃它，会自然清澈。心亦如此！总摇晃不停，会处于混乱状态。每天给自己一点儿时间沉淀，和自己沟通，这样你的心会相对清静，不再那么烦躁。

现代生活的快节奏，很容易让我们内心丧失宁静，个性变得越来越急躁：早上着急赶公交、上班后着急赶工作任务，下班后着急回家做家务、带孩子，然后又忙着浏览新闻，到很晚了，又急急忙忙收拾睡觉，第二天，又接着重复这样的生活……我们似乎是一台永不停歇的永动机，在急躁中，我们的脾气变得越来越坏，经常与周围的人发生这样或那样的争吵、摩擦，心中狂躁不已。事后，又会为自己寻求解释："现在压力这么大，你让我如何不急躁？我的坏脾气的确伤害了他，可是我也没有办法！"

真的没有办法了吗？要从根本上化解你的急躁情绪，就要懂得给自己的心灵放个小假，让狂躁的心平静下来，然后再理性地面对周围的人与事。

柳江和朱丽结婚已经两年，一开始，两个人和和睦睦，可是后来，因为房子、车子等生活琐事，两个人经常发生争吵，甚至到了离婚的边缘。

为了挽救婚姻，柳江和朱丽听从了朋友的意见，来到青岛的海边度假。一看到湛蓝的大海，这两个原本还在矛盾之中的男女，突然感到心情畅快了许多。走在海边，朱丽把脚浸在海水里，悠闲地看着浪花在脚下碎成泡沫。而柳江穿着旅游鞋，小心翼翼地走在干燥的沙地上。突然，朱丽绊了柳江一跤。柳江一愣，也予以反击，小夫妻俩就在海边快乐地打闹了起来。晚上，两个人在宁静的大海前看着星星点点的光芒，想起了恋爱时说的话："将来我们一定要去看看大海，一定要在大海前许愿，我们一辈子不分开！"

一转眼，一个星期过去了，这对夫妻再没了往日的争吵，反而互相打趣。两个人感到曾经的热恋竟然一点点回来了。柳江觉得，其实妻子的那些要求，并不是那么过分，谁都需要一定的物质生活。而朱丽也觉得自己确实有些难为柳江了，毕竟汽车、房子这些，怎么可能很快就买到呢？他们大笑着说着对方过去的错误，然后相互拥抱在一起……

面朝大海，柳江和朱丽让自己的心绪平静了下来，回归理智，最终挽救了他们的幸福。可见，当你因为心情烦躁而与他人发生这样或那样的冲突，或者使事情不顺利时，那就试着让自己的心灵回归到平静的状态中吧，它是化解你急躁情绪的良药，可以让你恢复理智，让一切恼心的事迎刃而解。

托马斯·里奥是美国一名著名的心理医生，他在处理人的精神压力方面颇有研究。他让脾气暴躁的病人每天坚持保持心灵的安宁从而变得平和起来。他告诫那些在精神重压下生活的人：每天无论再忙碌，都必须给自己安排一小段安静的时光。无论是打坐10分钟，或者是练瑜伽，或者是在大自然中享受片刻安静，还是锁上浴室的门，泡10分钟热水澡，安静的时光可以放松你的神经，让你杂乱无章的思绪得以理顺，还可以帮助我们平衡生活中无所不在的嘈杂与混乱。他曾经给许多"得不到片刻安宁"的朋友分享了他的"和谐生活"小妙方：每天下班回家时，在接近家门之前，想办法靠路边停下车子，选一个角度稍好一点儿的观景地方，可以坐在那里欣赏风景，或者是闭目养神喘口气，这样能让我们放慢步调，帮助我们集中精神，心存感恩。当你进家门的时候，身心都会备感轻松，能避免许多因家庭琐事而引发的矛盾和冲突。

由此可见，每天抽出一小会儿时间让自己的心灵平静下来，是缓解不良情绪的良方，坚持一段时间之后，你就会发现，自己的脾气也会变得越来越平和，你对生活的抱怨也会越来越少，与人的冲突也会逐渐减少，所有的事情也会变得顺畅许多……

7. 将你的注意力拉回到眼前

大多数的感情问题，都可以归结为——太闲。越是在社会中无价值感的人，越渴望在私人感情中被认可。大多数的负面情绪，都可以归结为——心太空。内心越空虚的人，越渴望在现实中被关注。所以，懒惰是个极奇特的东西，它使你以为那是安逸，是福气，但实际上它带给你的是无聊，是卷怠，是没事找事，是烦躁，它缩小你的眼界，剥夺你的希望，让你对他人越来越怀疑。

太忙碌会让人心情烦躁，同样地，太过清闲也会让人生出许多负面情绪。一位心理学家指出，越无事可做的人，越容易没事找事，人的许多负面情绪都是由此滋生的。要消除人因为太过清闲而产生的不必要的忧虑，就要想办法将你的注意力拉回到眼前，让自己有事可做，即为利用当下的时光，用行动去充实每一个当下的生命。

一位68岁的老妇人，本该享清福了，却遭受了平生最大的苦难。丈夫突然去世，让她的精神饱受折磨。几个子女为遗产继承问题闹得不可开交，还大打出手，让她的精神几近崩溃。丈夫生前所经营的公司倒闭，欠下了一大笔债务。为了还债，她只能卖掉家中所有值钱的东西。这一系列的不幸，让她每天都郁郁寡欢，不知道自己以后怎么走下去。

她每天都自言自语道：我已经68岁了，我已经68岁了！每个人都清楚，她是在为自己的未来担心。为了生活，她必须到外面找一份工作，但是当这个念头冒出来的时候，她自己都震惊了：哪里会雇用一位老妇人呢？即便有人愿意，一位近70岁的老妇人能干些什么呢？

这一系列的担忧，让她每天茶饭不思，多数时候还会怀念丈夫在世的岁月。因为怀念而生悲痛，久而久之，贫穷、疾病和孤独等全部蜂拥而至。

她只好住进医院，医生了解到她的情况之后，就对她说："你的病是因心而生，需要长时间的住院治疗才行。但是，你又没多少钱，我看这样吧，从现在开始，你可以选择在医院做临时工，以赚取一些医疗费用。"

她问："我能够做什么呢？"医生说："你就每天打扫病人的房间吧！"

于是，她就开始手握扫帚，每天不停地忙碌。慢慢地，她内心恢复了平静：反正没有比这个更好的活法了，而且就自己目前的状况来说，别无选择。她每踏进一间病房，目睹他人的病痛与折磨，心也就豁亮一次。因为她觉得自己是所有病人当中情况最好的。慢慢地，她也不再担心什么了，因为实在太过忙碌了。对于她来说，烦恼和担心反而成为一种奢侈，因为那是闲暇时间才会发生的事情。

就这样，她用一个月的时间彻底驱散了心理和生理的病魔，接下来，她最急需解决的就是贫穷问题。为此，当医院让她出院时，她又陷入焦虑之中，她不知道自己出去还能干什么！于是，她说服医院让她留了下来。

她就在医院保洁员的岗位上又待了3年时间。因为经常接触病人，她对病人的心理很了解。3年以后，她被院方聘请为心理咨询师。心魔、病魔、孤独彻底离她而去，贫穷也开始向她挥手告别，她没想到自己在垂暮之年，人生还能再次散发光亮。

在她75岁的那年，她获得了医院近一半的股权。她的办公室中有这么一句话：."昨天的痛，已经承受过了，有必要反复去兑现吗？明天的痛，尚未到来，有必要提前结算吗？只要肯用行动充实每一个今天，并能够勇敢向前，机会就会在柳暗花明间。"

可见，行动是驱散心魔的最佳良药，当你专注于眼前的事情时，消沉、忧虑、烦躁自然就烟消云散了。所以，生活中，当你为诸事煎熬的时候，就要学会好好地利用当下的时光，将所有的行动都付诸当下，忧虑自然就烟消云散。同时，切实的行动，还可以让你的内心获得平静和充实，让你把握住人生的机会，在希望中看到更光明的未来。

史铁生说："懂得珍惜今天，并能够充分利用今天的人，就是为自己选择了一个自由的、成功的和充实的人生。"美国著名教育家戴尔·卡耐基的作品影响了全世界数以万计的人。他在《人性的弱点》一书中，给那些为生活苦恼的人制订了一份计划，这份计划的重点就是：用行动去充实每一个今天：

今天我要用行动来提升我的心灵。我要学习，不让心灵空虚。我要阅读有益身心的书籍，提高我的修养。

今天我要做三件事：我要默默地为某个人做一件好事，我还要做一件我以前不愿做的事、一件不敢做的事。做这些事的目的，只是锻炼我的勇气和勤勉，让我不致懈怠。

今天我要让自己看起来更美丽。我要穿着得体、举止大方、谈吐优雅。我要多赞赏，少批评，不让自己抱怨，不去挑任何人的毛病。

今天我要全心全意地只过好这一天，不去想我整个的人生。一天工作12

个小时固然很好，可如果想到一辈子都要这样度过，我自己都会觉得恐怖。

今天我要制订计划。我要计划每小时要做的事。可能不会完全按照计划实现，但我还是要计划，为的是避免仓促和犹豫不决。

今天我要给自己留半个小时的时间静息片刻，让自己思考一下我的人生。

今天我要很开心。只有现在的行动才能给我带来无尽的幸福和快乐。

……

8. 别让患得患失毁了你

"我欲"是贫穷的标志，人之所以会患得患失，都是因为太想得到。一个人如果做事前经常患得患失、瞻前顾后，不仅说明了他外在的贫穷，更说明了他内心的贫穷。而一个心里贫穷的人，在现实社会中是很难得到丰厚的收获的。

一个人做事前考虑的时间太长，顾虑太多，做事前总是犹豫不决，必然会使自己背上沉重的心理包袱。人的心理包袱一重，坏脾气也自然跟着来了。

其实，人的患得患失，无非是面临众多选择所产生的难以割舍的矛盾心理。有选择就有放弃，而放弃是每个人都不愿意的事，所以，那些烦恼和坏情绪自然就从内心滋生了。

柳梅是一家公司策划部门的管理人员，家庭幸福，工作能力较强。以她的条件，应该生活得很快乐才是，但事实并非如此。

原来，柳梅在做事情前总是顾虑太多，做任何决定前总会犹豫不决。

有时候，虽然自己下了决定，但心中总是不自觉地放不下，时常担心自己的决定是否正确。尽管她的同事都说她在各方面已经考虑得很周全了，但是她仍旧害怕自己会出错，害怕出错后被别人嘲笑。为此，她经常置自己于焦虑与苦恼之中，因为内心煎熬，所以她总会莫名其妙地发脾气、生闷气。越是情绪不好，内心就越痛苦，在做判断的时候，越容易出差错。

在工作中，一个很简单的策划方案，她也经常会因为犹豫不决，最终错失了方案实施的最佳时机，给公司带来损失。犯了错误后，她又会置自己于痛苦之中，就这样恶性循环下去。一年下来，她被降了职，心情也糟糕透顶了。

一个人考虑得越多，心里的折磨就越大，前进的步伐就越艰难。柳梅心理包袱产生的原因就是她太过于在乎别人对她的评价和看法，也就是说，她太在乎一些东西，太害怕失去，所以才患得患失，以致脾气变坏，心理受折磨。

其实，有舍才有得，人要想得到一些，必然会失去另外一些东西。如果你都想要，都想抓住不放手，那到最终，不仅什么都得不到，还会徒增许多痛苦。

从前，有一个特别优秀的弓箭手，他射出的箭百发百中，从来没有失手过。为此，人们争相传颂他的高超射技，对他十分敬佩。后来，他的美名传到了国王的耳朵里。国王就命人将他请到宫中亲自表演，并对他说："今天请你来是想让你展示一下你精湛的射技，如果你射中了远处的那个目标，就赐给你万两黄金，如果射不中，就发配你到边疆充军去。"

这位弓箭手听了国王的话，神色变得激动起来，心中想着能否射中，这可关系着自己的命运呀！当开始发箭的那一刻，一向镇定的他呼吸变得急促起来，拉弓的手也开始抖起来，最终箭落在离靶心几尺远的地方。

旁边的一位大臣叹道："看来一个人只有真正地将得失置之度外，才能成为真正的神箭手呀！"

弓箭手之所以没能发挥他真正的射箭水平，就是因为他太在乎自己的得失，内心有太多的顾虑，使自己的心灵背上了沉重的包袱，最终也只能以失败告终。

其实，在现实生活中，许多人都在犯同弓箭手一样的错误。在生活的道路上，我们可能都面临各种各样的痛苦选择，就如同掉进深泥潭里一样，当遇到高成本的机会时，每个人都常常无法迅速做出选择，因为他们都不愿意轻易地放弃可能得到的东西。为此，我们可以说，舍弃也是需要胆略和智慧的。只有认准心中的真正目标，勇于将得失置之度外，才能减轻内心的痛苦，也才更容易达到成功的彼岸。

9. 看得透，想得开，是和谐一生的秘诀

　　心态倾斜、坏脾气上来时，可以去几个地方看看：孤儿院，远离了亲人的温暖，才是人生的不幸；偏远山区，贫穷没什么，唯有正视现实，生存才是硬道理；医院，生命最值得珍爱，其他皆是浮云；墓地，你拥有再多，最终亦是殊途同归。适当降低物欲的追逐，心态平和了，你也自然被救赎了。

我们的软肋就是看不透、想不开、舍不得、输不起、放不下。看不透人际中的纠结、争斗后的伤害，看不透喧嚣中的平淡、繁华后的宁静；舍不得曾经的精彩、流逝的岁月，舍不得居高时的虚荣、得意时的掌声；输不起一段情感之失，输不起一次人生之败；放不下已经走远的人与事，放不下早已尘封的是与非。因为看不透，想不开，所以坏脾气便会不时来打扰，以至影响你的人际关系，毁了你的幸福，扰乱你的心绪，日子也难以过得轻松、快乐了。

对此，著名国学大师季羡林先生说："要保持内心的和谐，就一定要想得开。我快到 100 岁了，仍旧身心康健，就是因为想得开。"想得开，是哲学素养高的体现，它需要我们能够以辩证的思维去看待世间的一切。

一位女士说："我的丈夫懒惰，他就会有更多的休息时间；他没钱，就少了出轨的可能；长得难看，就不那么容易招来第三者；没有上进心，就会把精力集中在我身上。"

一个人不小心被骗子骗了，他道："我得感谢骗子呢。我被骗了，说明我有被骗的价值；说明我面相好，忠厚有神，会远离凶极恶极之徒；说明我腰间有'盈余'，值得人家为我费口舌，绞脑汁，这也是一种'价值'啊！"

某明星兼导演拍摄的电影在威尼斯国际电影节上败北，他却这样说道："输给国际大腕儿不算输！"为何不算输？这里云集了世界著名的重量级导演，输给他们，虽输犹荣。

由此可见，遇事想得开，是保持身心和谐、健康的重要方法。

著名文学大师文怀沙先生有一年到郑州做演讲，提到一件趣事：

1986 年秋天，上海人民广播电台在播放文怀沙 20 世纪 50 年代的录音时，犯了一个严重的大错误，居然在文怀沙名字的前面，加上了"已故"的字样，于是，海内外的唁电就如雪片一般地飞来……

正当这位犯错误的编辑感到惶恐不安之际，电台接到了文怀沙的来信。文怀沙在信中向"这位编辑和电台表示了感谢"，并说，这位编辑"应该嘉奖而不应受惩罚"，因为"我作为一个活人，却在生前听到了自己的生后之名，这绝对是一件最美妙不过的事情"。

面对此事，文怀沙先生本该恼怒，但他却喜不自禁，这是怎样的一种心态和气度。

唯物辩证法告诉我们：一切事物，都具有两面性，就如一枚硬币的两面一样，有正面，还有反面。生活中的我们时常会愤怒和生气，是因为只看到正面，看不到反面罢了。

　　生活是复杂的，各种各样的糟糕事情会向我们走来。这就需要我们善于运用唯物主义的辩证观点去看待问题和分析问题。唯有这样，才能够减少内心的自卑、多疑、焦虑、忌妒、自私、偏执、贪婪、冲动、攻击、仇恨、报复、苦恼、忧郁等消极情绪。想得开，是保持内心健康、生活和谐的重要方法。

　　生死是自然规律，但是只要活着，我们就要以最好的方式。记住该记住的，忘记该忘记的，改变能改变的，接受不能改变的，有些事情我们本身无法控制，所以要控制好自己。人只要不失去方向，就不会失去自己！人生重要的不是你所站的位置，而是你所朝的方向。每一件事情都要用多方面多角度去看待它。

　　其实，真正的智者都明白，日出东海落西山，愁是一天，喜也是一天，与其忧愁地过，不如快乐地活。他们能看得透财富的多寡与人生的幸福毫无关联，看透感情就是平淡地相伴，看透人与人之间只要能宽容、相互间多理解，便能减少很多是与非……正因为看透了，所以生活中的矛盾、冲突、纠结、焦虑自然就少了，脾气也自然变得平和。同时，他们在任何时候都不会用感伤的眼光看待过去，因为他们懂得过去的就再也不会回来了，会好好地过好当下，珍惜眼下的时光，让每个日子都开出花来。

10. 如果你感到恐慌无助，那就试着学习吧

> 我们一生结婚、工作、生子，其终极目标便是寻求一种安全感。安全感是多数人所匮乏的，若感受到无助，那就该给自己添点儿"料"了。而学习，则是抵制惶恐无助的最佳克星。

生活中，每个人都会有被恐慌无助袭击的时候：被人在背后论是非，被同事抢了功劳，被老板无端地责骂，被工作压力袭击，被老公指责，为孩子下降的成绩恼心……种种不如意，会像炸弹一样，还未等你准备好，便在你周围引爆，搞得你措手不及、心烦意乱。而这时，很多内心缺乏定力的人，便会随意发脾气，越来越恐慌，将自己置于焦虑的泥潭中无法自拔。

情感作家苏岑说，恐慌无助，揭示了人生的短板。快乐的时候，人们可以稍稍放纵，若感受到无助，这就是来自上天的信号：该给自己添点儿"料"了。而学习，无疑是抵制无助的最佳克星，你不妨尝试一下：

听到有人在背后说你坏话，别把时间用在寻仇反击上，跟着电视学一道小菜，便能保证你的餐桌上更有营养，更能引人点赞。

被同事抢了功劳，别把时间浪费在咒骂上，先放下手头的工作，约闺密一起去逛街，不一定非要买东西，在高级商场逛上一天，你就会发现，自己的审美品位一下子提升了。

被老板无端责骂，别把时间浪费在痛苦揪心上，打开音响学习一首歌曲，当歌唱熟了，心境自然就开阔了。

被工作中的难题压得喘不过气来，更不该把时间浪费在买醉上面，买

244

一本书，里面总有几页知识将来有一天你会用得到。

被朋友误解，不应该伤心、痛苦，而是先放下眼前的一切，去学习一段舞蹈，等舞蹈学会了，你的心结有可能就解开了。

……

总之，学习是抵抗一个人惶恐无助的最佳克星。它能转移你的注意力，帮助你分散对未来的不确定性，并且坚定对自己的自信心，更可以把时间利用到最佳值。无助，可能使你变得更为强大，也可能使你的内心越来越自闭，越来越卑微。这完全取决于你在最无助和惶恐的时候在干什么。

人是情绪动物，悲伤、焦虑、烦恼等负面情绪常常会不期而至，如果一遇事便沉浸其中，那么，你将会在坏情绪的泥潭中越陷越深，在这个时候，你能以学习一门业余兴趣、一项小的生活技能来转移自我注意力，不仅可以控制自己的坏情绪，避免生活滋生出一些不必要的麻烦和烦恼，还可以获得一种新技能，充实自己的内在，增加你的自信心，它是减轻你对未来的惶恐感的最佳良药。

总之，命运最垂青能够控制自我情绪的人，这样的人在任何时候都能不动声色且镇定自若地面对生活中的种种琐事，他们集成熟、独立、宽容、风度于一身，永远不会因为岁月的流逝而失去光泽。这样的人，可以在轻描淡写间应对一切的变化，在挑衅中透露着稳重、独立和成熟，在张扬中尽显内敛和风雅。这样的人，会绕过岁月，将美丽和幸福进行到底。